U0166358

计量检测与生产安全

张明智　叶　雯　武延龙／著

吉林科学技术出版社

图书在版编目（CIP）数据

计量检测与生产安全 / 张明智 , 叶雯 , 武延龙著
. -- 长春 : 吉林科学技术出版社 , 2022.5
ISBN 978-7-5578-9323-1

Ⅰ . ①计… Ⅱ . ①张… ②叶… ③武… Ⅲ . ①计量管
理 Ⅳ . ① TB9

中国版本图书馆 CIP 数据核字 (2022) 第 072948 号

计量检测与生产安全

著	张明智 叶 雯 武延龙
出版人	宛 霞
责任编辑	梁丽玲
封面设计	古 利
制 版	古 利
幅面尺寸	185mm × 260mm
开 本	16
字 数	100 千字
印 张	8.75
印 数	1–1500 册
版 次	2022年5月第1版
印 次	2022年5月第1次印刷

出 版	吉林科学技术出版社
发 行	吉林科学技术出版社
地 址	长春市南关区福祉大路5788号出版大厦A座
邮 编	130118
发行部电话/传真	0431-81629529 81629530 81629531
	81629532 81629533 81629534
储运部电话	0431-86059116
编辑部电话	0431-81629510
印 刷	廊坊市印艺阁数字科技有限公司

书 号	ISBN 978-7-5578-9323-1
定 价	58.00元

前言

计量检测是人类认识世界的重要技术手段。人们可以通过检测方式和检测技术来获得信息，有助于了解周围环境，进而实现对环境参数的控制。现代检测技术随着科学技术的发展已经成为一门独立的学科。

安全生产是安全与生产的统一，其宗旨是安全促进生产，生产必须安全。搞好安全工作，改善劳动条件，可以调动职工的生产积极性；减少职工伤亡，可以减少劳动力的损失；减少财产损失，增加企业效益，无疑会促进生产的发展；而生产必须安全，因为安全是生产的前提条件。在实际生产中，一些事故与计量检测的违规有着直接或间接的联系。因此，了解计量检测的原理与核心技术，制定杜绝计量检测违规的措施对策，对保障生产安全而言极为重要，值得探讨和研究。

本书围绕计量检测与生产安全展开论述，在内容编排上共设置四章，第一章作为本书的基础内容，主要阐释计量学及其分类、计量的作用与意义、计量单位与单位制；第二章是测量误差与测量不确定度，内容包括测量误差及其结果表示、测量误差的基本性质与处理、测量不确定度的评定与表示、数据处理方法与微小误差准则；第三章对安全生产与检测系统管理进行论述，主要涵盖安全生产技术及其发展、安全检测及其关键技术、检测信号的分析基础、检测系统的特征及其可靠性技术；第四章主要探索生产装置的超声波检测技术、射线检测技术、磁粉检测技术、红外检测技术。

本书不但体系完整、视野开阔、层次清晰，而且针对性强、实用性广，对计量检测与生产安全的概念范畴、理论基础、内容方法等进行了系统梳理和阐述，具有较强的可读性和实用性，能给阅读者带来一定的启示。

笔者在撰写本书的过程中，得到了许多专家学者的帮助和指导，在此表示诚挚的谢意。由于笔者水平有限，加之时间仓促，书中所涉及的内容难免有疏漏之处，希望各位读者多提宝贵意见，以便笔者进一步改进，使之更加完善。

目 录 CONTENTS

第一章　计量学概述

计量是科学技术的基础，计量学通常采用了当代最新的科技成果，计量水平通常反映了科技水平的高低，计量学的发展将大大推动科学技术的进步。本章论述计量学及其分类、计量的作用与意义、计量单位与单位制。

第一节　计量学及其分类

"计量是以技术和法制手段保证量值准确可靠、单位统一的测量。"[①] 计量学是有关测量及其应用的科学。它包括测量的理论和实践的所有方面，不论其测量不确定度大小和应用领域。

一、计量学的相关概念

(一) 测量、测试与计量

(1) 量。量，一般又称为可测的量。它是现象、物体或物质的特性，其大小可用一个数和一个参照对象表示。量有一般概念的量和特定量之分。前者如长度、时间、质量、温度、电阻等；后者则是指具体一根竹竿的长度、一根导线的电阻等。

(2) 量值。量值指的是用数和参照对象一起表示的量的大小。例如5.3m、12kg 等。

(3) 测量。测量指的是通过实验获得并可合理赋予某量一个或多个量值的过程。"人类在认识和改造自然的过程中，通过观察和思维，对自然界的各种现象、物体或物质进行了大量的分析比较，如山峰的高度、天气的冷暖、人的身高等。通过长期的实践，逐渐产生了以'量'的概念来比较的结果。这种用比较的方法来确定客观事物的大小、程度的过程，就是早期的测量概念。"[②] 测量在生产实践和社会生活中

[①] 李德明，王傲胜．计量学基础 [M]．上海：同济大学出版社，2007：1.
[②] 顾龙芳．计量学基础 [M]．北京：中国计量出版社，2006：1.

随处可见，如金属切削加工要用卡尺、用百分表测量几何尺寸、热处理时要测温度等。测量已是人类认识世界和改造世界不可缺少的一种重要方法。

（4）测试。测试又称"检测"，是对给定产品，按照规定程序确定某一种或多种特性、进行处理或提供服务所组成的技术操作，也可以理解为"试验和测量的综合"。一般认为它与测量的不同含义主要是它具有探索、分析、研究和试验特征。但应该承认，测试的本质特征也是测量，因此也属于测量范畴，是测量的扩展和外延。

（5）计量。计量是实现单位统一、量值准确可靠的方法。这就是说，计量是保证计量单位统一和量值准确可靠这一特定目的的测量，即以公认的计量基准、标准为基础，依据计量法规和法定的计量检定系统（表）进行量值传递来保证测量准确的测量。它虽然只是测量中的一种特定形式，却是具有重大现实意义的测量，成为计量管理的主要领域。

（二）计量器具及其分类

1. 计量器具

单独或与一个或多个辅助设备组合，用于进行测量的装置称为计量器具。在国外又被称为"测量仪器"。

（1）实物量具是使用时以固定形态复现或提供一个或多个量值的测量仪器，如砝码、量块、标准电阻等。它们一般没有指示器，在测量过程中没有附带运动的测量元件。实物量具又可分为单值量具（如砝码、量块、标准电池、固定电容器等）和多值量具（如毫米分度的线纹米尺及成套量具——砝码组、量块组等）。

（2）如果量具具有独立复现的功能，不需用其他计量装置辐助，则称这类量具为"独立量具"，如尺子。如果必须与其他计量器具一起才能进行量的测量，如砝码与天平一起测定质量，则把砝码这类量具称为从属量具。而游标卡尺、百分表和千分尺虽然属于简单的计量仪器，但我国却习惯将其称为"通用量具"。

（3）计量仪器（仪表）是将被测量值转换成可直接观察的示值或等效信息的计量器具。它是可单独地或连同其他设备一起用以进行计量的装置。例如，电流表、压力表、水表、温度计等都是常用计量仪器。计量仪器一般按其计量功能可分为显示式仪器（能显示量值）、记录式仪器（可记录示值）、累计式仪器、积分式仪器、模拟式仪器和数字式仪器等。

显示式仪器有千分尺、模拟电压表、数字频率计等。

记录式仪器有铁路轨道衡、总加式电功率表等。

积分式仪器有电能表等。

模拟式仪器是其输出或显示为被测量或输入信号连续函数的测量仪器，而数字式测量仪器是提供数字式输出或显示的测量仪器，均与仪器的工作原理无关。

一套组装的并适用于特定量在规定区间内给出测量值信息的一台或多台测量仪器，通常还包括其他装置，诸如试剂和电源既称为测量系统，又称为计（测）量装置。如光学高温计检定装置、晶体管图示仪校准装置，以及测量半导体材料电导率的装置等。

测量设备的定义：为实现测量过程所必需的测量仪器、软件、测量标准、标准物质、辅助设备或其组合。

测量设备除了计量器具本身之外，还包括有关测量设备的使用说明书、检定或校准规程、规范以及相关的计算机应用软件等资料。这是完全符合现代计量器具智能化的客观要求的。

2. 计量基准与标准

计量器具按其在检定系统表中的位置可分为计量基准、计量标准和工作计量器具。计量基准、标准都是测量标准，它是具有确定的量值和相关联的测量不确定度，实现给定量定义的参照对象，如 1kg 质量标准、$1m^3$ 体积标准等。而国际测量标准是由国际协议签约双方承认的，并指在全世界范围内使用的测量标准。国家测量标准是经国家权威机构承认，在一个国家或经济体内作为同类量的其他测量标准定值依据的测量标准。

我国计量基准分为国家基准、副基准和工作基准 3 类。

（1）国家基准。国家基准是在特定计量领域内复现和保存计量单位并具有最高计量学特性，经国家鉴定/批准作为统一全国量值最高依据的计量器具。例如，几何量有长度、角度、表面粗糙度、平面度、螺旋线、圆锥量规锥度等国家基准等。

（2）副基准。通过与国家基准比对或校准来确定其量值，并经国家鉴定、批准的计量器具叫副基准。它在全国作为复现计量单位的地位仅次于国家基准。

（3）工作基准。工作基准是用于日常校准或检定测量仪器或测量系统的测量标准。它在国家计量检定系统中的位置仅在国家基准和副基准之下。设立工作基准的目的是不使国家基准、副基准由于使用频繁而丧失其应有的准确度或遭受损坏。

在国外，副基准、工作基准亦称次级标准，它们是通过用同类量的原级标准对其进行校准而建立的测量标准。计量标准是具有确定的量值和相关联的测量不确定度，实现给定量定义的参照对象。

可见，计量标准是量值传递中的重要环节，由于计量基准的准确度与工作计量器具的准确度相差很大，所以多数计量标准都根据客观需要分成若干等级。如量块分为六等、砝码分为五等、天平分为十级等。这种用于日常校准或核查实物量具、测量仪器或参与物质的测量标准又称工作标准。

计量标准是一定范围内统一量值的依据。依据其统一量值范围，又分为社会公用计量标准、行业计量标准和企(事)业单位计量标准。

3.有证标准物质

有证标准物质(CRM)是附有由权威机构发布的证书，并使用有效程序提供一个或多个指定的特定值及其测量不确定度和溯源性的标准物质。有证标准物质是计量标准中的一类。它是在规定条件下，具有高稳定的物理、化学或计量学特性，并经正式批准作为标准使用的物质或材料。标准物质的用途是标定仪器、验证测量方法或鉴定其他物质。标准物质可以是纯的或混合的气体、液体或固体。例如，校准黏度计用的水、化学分析校准用的溶液等。

(三)计量的检定、校准与比对

在计量管理中，经常要用检定、校准等计量专业术语，因此应该对它们的涵义有一个明确的认识。

1.计量的检定

检定是查明和确认测量仪器符合法定要求的活动，它包括检查、加标记和或出具检定证书。这种为评定计量器具的计量特性，确定其是否符合法定要求(合格)所进行的全部工作称为计量器具检定，简称计量检定或检定。

(1)检定依据其强制性程度，可分为强制检定和非强制检定两种。

强制检定是由政府计量行政主管部门所属的法定计量检定机构或授权的计量检定机构，对社会公用计量标准，行业和企业、事业单位使用的最高计量标准，用于贸易结算、安全防护、医疗卫生、环境监测4个方面，列入国家强检目录的工作计量器具，实行定点定期的一种检定。

非强制检定则是由计量器具使用单位自己或委托具有社会公用计量标准或授权的计量检定机构，依法进行的一种检定。

(2)检定还可依照其对象、状态和目的等分为首次检定、后续检定、抽样检定、仲裁检定等。

首次检定是对未被检定过的测量仪器进行的检定。

后续检定是测量仪器在首次检定后的一种检定，包括强制周期检定和修理后检定。

抽样检定是以同一批次测量仪器中按统计方法随机选取适当数量样品检定的结果，作为该批次仪器检定结果的检定。

仲裁检定是用计量基准或社会公用计量标准进行的以裁决为目的的检定活动。

2.计量的校准

校准是在规定条件下的一组操作，其第一步是在规定条件下确定由测量标准提供的量值与相应示值之间的关系，第二步则是用此信息确定由示值获得测量结果的关系，这里测量标准提供的量值与相应示值都具有测量不确定度。

校准可以用文字说明、校准函数、校准图、校准曲线或校准表格的形式表示。某些情况下，还可以包含示值的具有测量不确定度的修正值或修正因子。

校准不应与测量系统的调整（常被错误地称作"自校准"）相混淆，也不应与校准的验证相混淆。

上述"校准"的定义清晰地说明了它与检定的联系与区别。此外，还有两个相似的术语定义应弄清楚。

定度：在规定条件下，为确定计量器具的实际值或其指示装置所表示量值的一组操作。例如，硬度块硬度值的确定、测微器分划板刻线示值的确定等。

分度：在规定条件下，为确定计量器具的标尺所表示量值的刻线位置或确定计量仪器被测量与示值之间关系的一组操作。例如，热电偶热电特性的确定、计量仪器生产中表盘示值刻线的刻画等。

3.计量的比对

比对是在规定条件下，对相同准确度等级或指定不确定度范围的同种测量仪器复现的量值之间比较的过程。目前，计量器具或测量设备的比对已成为国内外实验室比对的主要内容。

其间，核查是根据规定程序，为了确定计量标准、标准物质或其他测量仪器是否保持其原有状态而进行的操作。

（四）测量准确度与不确定度

1.测量准确度

测量准确度又称准确度，是测量误差方面的一个重要术语。它是表示被测量的测得值与其真值间的一致程度。它反映了测量结果中系统误差与随机误差的综合，即测量结果既不偏离真值或测得值之间，又不分散的程度。它是一个定性的概念。准确度的高低直接反映测量的品质或质量，也就是说，准确度高，意味着其不确定度小，准确度低，则意味着其不确定度大。在我国，准确度又称为"精确度"，有时也称"精度"。但不可称为"精密度"或"正确度"。

测量精密度是在规定条件下，对同一或类似被测对象重复测量所得示值或测得值间的一致程度。

测量正确度是无穷多次重复测量所得量值的平均值与一个参考量值间的一致

程度。

2. 测量不确定度

测量不确定度简称不确定度，是指根据所用到的信息，表征赋予被测量值分散性的非负参数。

由于被测量的真值不可能准确检测到，任何测量即使是最精密的测量，也只能趋近于"真值"。因此，不确定度是对测量结果与"真值"趋近程度的评定结果。

"不确定度"意指"可疑"。因此，又是指对测量结果的正确性或准确度的可疑程度。"不确定度"这个参数既可以用标准偏差或其倍数表示，也可以用包含区间的半宽度或包含概率表示。这种以标准偏差表示的测量不确定度又称为"标准不确定度"。通过统计分析观察系列测量值，对标准不确定度进行估算，称为 A 类估算，其不确定度又称为"A 类不确定度"分量；用其他方法估算的不确定度则为"B 类不确定度"分量。这两类不确定度分量的区分只是因其数值估算方法不同，并不意味着它们在本质上有所不同。

（五）量值传递与溯源

1. 量值传递

量值传递是通过对测量仪器的校准或检定，将国家测量标准所实现的单位量值通过各等级的测量标准传递到工作测量仪器的活动，以保证测量所得的量值准确一致。

量值传递是计量技术管理的重要环节，要保证量值在全国范围内准确一致，都能溯源到国家基准，就必须建立一个全国统一的、科学的量值传递体系，这就要一方面确定量值传递管理体制；另一方面制定各种国家计量检定系统表。

2. 计量溯源性

计量溯源性是通过文件规定的不间断的校准链，测量结果与参照对象联系起来的特性，校准链中的每项校准均会引入测量不确定度。不间断的比较链被称为计量溯源链，即用于将测量结果与参照对象联系起来的测量标准和校准的次序。

溯源性就是指量值溯源的特性，这是对计量器具最基本的要求。利用计量器具进行测量必须是能与国家计量基准乃至国际计量基准建立量值溯源关系，如不能溯源到国家或国际计量基准，不管计量器具如何精密、测量的重复性如何好，这种测量都不可能准确，测量数据也缺乏可比性，量值也无法统一。因此，任何计量器具或测量设备都必须通过检定、校准或其他溯源方式确定准确的量值，即具有"可追溯""可溯源"时才会使用有效。

作为其溯源性的证据是溯源等级图，它是一种代表等级顺序的框图，用以表明测量仪器的计量特性与给定量的测量标准之间的关系，也是对给定量或给定类别的计量器具所用比较链的一种说明。在一个国家内，对给定量的测量仪器有效的一种溯源等级图，包括推荐（或允许）的比较方法或手段为国家溯源等级图，又称为国家计量检定系统表。

"量值传递"和"量值溯源"在本质上没有多大差别，量值传递是从国家计量基准开始，按检定系统表和检定规程，逐级检定，把量值自上而下传递到工作计量器具。而量值溯源则是从下至上追溯计量标准直至国家和国际基准。它可不按计量器具的严格等级，打破等级或地区的界限，中间环节少，可使准确度损失少。

(六) 法制计量与计量管理

法制计量是为满足法定要求，由有资格的机构进行的涉及测量、测量单位、测量仪器、测量方法和测量结果的计量活动，它是计量学的一部分。而法定计量机构就是负责在法制计量领域实施法律或法规的机构。它们既可以是政府机构，也可以是国家授权的其他机构，其主要任务是执行法制计量控制。

计量管理在不同国家有不同的名称和定义。例如，在日本，称为计测管理，它是为了科学、合理地进行企业的各项活动，有效而切实地采用计量手段，并将计量测试手段形成系统。在俄罗斯，称为计量保证，其定义为：达到测试统一、要求精度所必须的科学和组织基础、技术手段、规则与定额的规定和应用。在美国，又称计量管理为计量保证方案服务。而国际法制计量组织对计量管理的定义是：计量工作负责部门对所用测量方法和手段以及获得表示和使用测量结果的条件进行的管理。在我国，计量确认、(法制)计量控制、型式评价和型式批准、计量鉴定、计量保证和计量监督都是计量管理。

(1) 计量确认。为确保测量设备处于满足预期使用要求的状态所需要的一组操作称为计量确认。计量确认是包含校准、调整、修理、封印、标记等一组动作的概念，在这一组操作动作中，校准是首要的，是核心动作，只有校准，进行量值溯源，确定示值误差，才能有效使用。

(2)(法制)计量控制。(法制)计量控制是用于计量保证的全部法制计量活动。我国原来把计量控制作为计量管理，即为在国民经济各个领域中提供计量保证开展的各项管理工作。这就是说，计量管理是为了保证计量单位制的统一，保证测量准确一致，所采用科学的、技术的以及法制的措施之总体工程，目的是充分发挥计量系统的整体功能，从而保证和促进国民经济，实现最佳经济效益和社会效益。计量器具控制即测量仪器的法制控制是针对测量仪器所规定的法定操作的总称，如型式批准、检定等。

（3）型式评价和型式批准。型式评价是根据文件要求对测量仪器指定型式的一个或多个样品性能所进行的系统检查和试验，并将其结果写入型式评价报告中，以确定是否可对该型式予以批准。

型式评价中对代表一种型式的一个或多个样本进行检测结果的报告，为型式评价报告，该报告根据规定的格式编写并给出是否符合规定要求的结论。

型式批准是根据型式评价报告所做出的符合法律规定的决定，确定该测量仪器的型式符合相关的法定要求并适用于规定领域，以期能在规定的期间内提供可靠的测量结果。

证明型式批准已获通过的文件为型式批准证书。施加于测量仪器上用于证明该仪器已通过型式批准的标记为型式批准标记。

（4）计量鉴定。计量鉴定是以举证为目的的所有操作，如参照相应的法定要求，为法庭证实测量仪器的状态，并确定其计量性能，或者评价公证用的检测数据的正确性。

（5）计量保证。计量保证是法制计量中用于保证测量结果可信性的所有法规、技术手段和必要的活动。

任何一个计量或测量过程，其计量或测量准确度，除了计量器具因素外，还受到操作者、环境和方法等因素的影响。

（6）计量监督。监督是察看并督促的意思，它也是一种管理。我国历来重视计量监督，并把它作为计量管理的主要内容。计量监督是指为检查测量仪器是否遵守计量法律、法规要求并对测量仪器的制造、进口、安装、使用、维护和维修所实施的控制。计量监督还包括对商品量和向社会提供公证数据的检测实验室能力的监督。

在我国，计量监督的对象（客体）应是中华人民共和国境内（适用范围）所有与建立计量基准、标准，进行计量检定，制造、修理、销售和使用计量器具以及定量预包装等有关的国家机关、团体、企事业单位、个人和计量器具。

（七）实验室认可与评审

实验室认可是对校准和检测实验室有能力进行特定类型校准和检测所做的一种正式承认。实验室是从事校准和检测工作的机构，在我国校准实验室是指各级计量技术机构或其中一个从事量值检定或校准的部门。检测实验室是指各级各类从事检测业务的质量检验机构。如果它们依据实验室认可准则，则颁发实验室认可证书，以承认其校准或检测能力。

实验室评审是由评审员为评价校准和检测实验室是否符合规定的实验室认可准则而进行的一种检查。检验机构是从事检验活动的机构；而检测是对给定产品，按照规定程序确定某一种或多种特性、进行处理或提供服务所组成的技术操作。实验室认可是对校准和检测实验室有能力进行特定类型校准和检测所做的一种正式承认，包括对其技术和管理能力及其公正性方面的承认。

检验机构评审是由评审员为评价检验机构是否符合规定的检验机构认可准则而进行的一种检查。

(八) 测量管理体系

测量管理体系是为实现计量确认和测量过程的连续控制而必需的一组相关的相互作用的要素。

计量确认通常包括：校准和验证、各种必要的调整或维修及随后的再校准、与设备预期使用的计量要求相比较以及所要求的封存和标签。

只有测量设备已被证实适合于预期使用并形成文件，计量确认才算完成。

预期使用要求包括：测量范围、分辨力、最大允许误差等。

测量管理体系应确保满足顾客和计量法律规定的计量要求。它由测量设备的计量确认、测量过程的控制及必要的支持过程要素所组成。

上述定义表明，现代计量管理是一项系统工程。计量系统工程的科学理论基础是计量技术学。计量管理的直接目的是保证计量单位制的统一，保证测量结果的准确一致，根本目的是保证和促进国民实现最佳经济效益。

二、计量的分类

计量的专业种类是随着工农业生产和科学技术的发展，根据计量管理工作的需要和被测"量"的性质而逐步细分的。目前，人们常常把计量分成法制计量、科学计量和工程计量3个部分。

法制计量，是为了保证公众安全、国民经济和社会发展，根据法制、技术和行政管理的需要，由政府授权进行强制管理的计量。

科学计量，主要指基础性、探索性、先行性的计量科学研究工作。例如，计量单位与单位制、计量基准与标准、物理常数、测量误差、测量不确定度与数据处理等。

工程计量，又称为工业计量，指应用在各种工程、工业企业中的计量。

但是，按照计量技术的专业领域和属性，一般分为以下几个类别。

(一) 长度计量

长度计量就是对物体的几何量的测量。其内容既包括端度、线纹、角度和表面粗糙度、直度、平度、坡度、圆柱度、表面形状、表面位置、表面几何尺寸的精密测量，还包括万能量具的检定、光学仪器检定及生产中特殊零件的测量。长度计量的基本单位是"米"，它是国际单位制7个基本单位之一。符号为"m"。

（1）端度计量。端度计量是指某一物体两个端面（如一根棒的两端面）之间的长度的测量。严格说来，应是对任意两点之间或一点到一个平面距离的长度的测量，如对各种机械零部件尺寸的测量等。端面计量传递量值的标准器具是量块（或叫块规）。先用量块检验游标卡尺、千分尺等各种万能量具的示值准确度，检定合格后的量具方能用来检测产品零部件的尺寸。此外，量块还可作其他精密测量用。

（2）线纹计量。以任意两条刻线之间的距离来表示长度的计量叫作线纹计量。线纹尺的种类很多，日常用的竹木尺是其中之一，但准确度较低；在精密机床上作为标尺的线纹尺，准确度较高，要用显微镜来观察和读数；安装在仪器上的标准刻线尺，其准确度就更高了，要用光电显微镜来读数；进行"长距离"测量时，如土地测绘用的24m殷钢尺，其误差不超过十分之几或百分之几毫米。

（3）角度计量。测量任意两条直线或两个平面相交组成的角。安装重型机械要求其零部件水平或垂直，就需要角度计量。为满足角度计量的各种需要，检验不同角度的量值，计量部门应有角度块、多面棱体、标准圆度盘、圆光栅等角度计量基准、标准。角度计量的单位是"弧度"，符号"rad"。所用的计量器具有精密测角仪、光学分度仪、高精度分度台等。

（4）表面粗糙度计量。表面粗糙度是指加工的零件，在表面上留下来的加工痕迹的形态和深浅程度。检测粗糙度的标准计量器具有标准粗糙度样板、双管显微镜、干涉显微镜、电动轮廓仪或表面粗糙度检查仪。

（5）平面度计量。平面度计量指实际平面对理想平面的偏差。它包容实际平面且距离最小的两平行平面间的距离。在生产中，根据不同需要，各种工件表面的不平度有不同的要求。检定平板如果不平，就会使被测零件尺寸测得不准；机床的工作台不平，就会影响加工零件的质量；光学仪器中的反射不平，就会影响仪器的精度。所用的计量仪器有平直度检查仪、标准平晶等。

（6）不直度计量。不直度误差分3种情况：①在给定平面内，包容实际线的距离为最小的两平行线之间的距离；②在给定方向上，包容实际线（或轴心线）的距离为最小的两平行平面之间的距离；③若未给定方向，则为包容实际线（或轴心线）的最小圆柱面的直径。检查方法有直接测量读出误差值的（平晶）光波干涉法、千分尺测量法等，还有作图计算法，如水平仪、准直光管、平晶干涉法等。

（7）精密测量。即各种几何量的精密测量，简称"精测"。由于测量的参数多，技术复杂，又称为综合的长度计量。在机械加工中，公差配合与互换性计量占很大比重，如加工齿轮要测量齿厚、齿距、周节、基节、齿形，其他如螺纹参数的测量，工件孔或轴的形状误差和位置误差的测量，薄膜厚度和镀层厚度的测量等。除一般通用量具外，常用的光学计量仪器有：立卧式光学计，立卧式测长仪，测长机，大型、小型万能工具显微镜，齿轮测量仪器坐标测量机，投影仪等。

21 世纪初，中国计量科学研究院与中国航空工业总公司 301 所合作研制成功新一代接触式量块激光测长仪，其测量分辨力达 1.25nm。"米"的国际比对结果表明，我国的基准激光波长与国际波长基准之差仅为国际计量局规定的允许误差的一半，处于国际领先地位。2017 年，中国科技大学设计并实现了一种全新的量子弱测量方法，实现了海森堡极限精度的单光子克尔效应测量；可利用的光子数达到 10 万个。

(二) 温度计量

温度计量就是利用各种物质的热效应来计量物体的冷热程度，内容包括：超低温、低温、中温、高温、超高温、热量等项。温度计量的单位为"开 (尔文)"，符号为"K"。

(1) 超低温计量。用于科研工作、国防科技对超低温的测量。一般为 -270℃ 以下的温度，如用于物体的超导性能的研究、卫星上的测温元件等。

(2) 低温计量。-27℃ ~ 0℃ 都是属于低温计量范围。如应用于冷藏食品的冰库、冷库的温度计量。

(3) 中温计量。0℃ ~ 630℃ 为中温计量。应用于日常生活和一般工业生产中。如体温计、一般玻璃水银温度计、铂电阻温度计、压力温度计等。

(4) 高温计量。630℃ ~ 6000℃ 属于高温计量。应用于炼焦、炼铁、炼钢、轧钢、铸造、水泥、陶瓷、玻璃、炼油等高温材料生产方面。常用的有热电偶、光学温度计等。

(5) 超高温计量。超过 6000℃ 的为超高温计量。用于测定原子弹爆炸、发射火箭等方面的温度。研究显示，氢同位素等离子体产生聚变时，温度至少在几千万摄氏度甚至高达 1 亿摄氏度以上。

(三) 力学计量

力学计量包括质量、容量、密度、黏度、压力、真空、测力、硬度、转速、流量、振动等项。

(1) 质量计量。质量计量就是对物体质量进行的一种计量。质量就是物体所含物质的多少，它不受地球引力变化的影响，对同一物体，质量是恒定的，这是和重量不同的地方。它的基本单位是"千克"，符号用"kg"表示。质量计量可划分为：

大质量（20kg 以上）、中质量（1g 至 20kg）、小质量（1g 以下）。所用的计量器具有秤、天平和各种砝码。为了满足某些特殊部门的需要，现已制造出远控天平，它可以远距离测量放射性物质和密度。随着工农业、科研的发展，电子自动天平也在大力推广和应用，对生产自动化、改善劳动条件有着重要作用。

（2）容量计量。容量计量单位是"升"，符号为"L"或"l"，所用的计量器具有量提、量杯、量筒、滴管、吸管和相对密度瓶等。

（3）密度计量。密度计量是指物体单位体积所有的质量。密度计量的单位为"千克每立方米"，符号为"kg/m^3"。所用的计量器具有酒精计、糖量计、密度计、海水密度计等。这些计量器具又由各种标准密度计、标准酒精计等进行检定。

（4）黏度计量。黏度是指液体内摩擦，就是当液体在层流时，这种内摩擦表现为流体内部对运动的阻力。黏度计量的单位是"帕斯卡秒"，符号为"$Pa \cdot s$"，所用的计量器具有黏度计等。

（5）压力计量。压力又称压强。它是垂直地、均匀地作用在单位面积上的力。其单位是"帕斯卡"，符号为"Pa"。压力计量仪器有：①负荷活塞式压力计。作压力基准器和标准器使用。②液柱式压力计。如水银气压计、U 形压力计、环形压力计、风量计、风压计、气压、血压计、真空计、倾斜式微压计、补偿式微压计等。③弹簧压力表。如单圈弹簧管压力表、真空表、压力真空表、多圈弹簧管压力计、波纹管压力计和膜片膜盒式压力计等。④电器压力计。如电阻压力计、电容压力计、压电式压力计、压力变送器等。⑤综合式压力仪表。

（6）真空计量。对低于一个大气压的绝对压力测量，通称为真空计量。真空计量分为：①粗真空（$1 \times 10^5 Pa \sim 1333 Pa$）；②低真空（$1333 Pa \sim 0.133 Pa$）；③高真空（$0.133 Pa \sim 1.33 \times 10^{-4} Pa$）；④超高真空（133uPa 以下）。

（7）测力计量。对各种材料，如水泥、钢材、木材和其他的半成品、成品的机械性能的测量以及坦克、拖拉机等牵引力的测量，都属测力计量。其计量单位是"牛[顿]"，符号为"N"。所用的计量器具有各种材料试验计、拉力计等。检定测力计量器具的基准是标准测力计。

（8）硬度计量。硬度是金属对于其表面塑性变形的阻止能力。它取决于金属本身的成分和结构。测量硬度的方法有很多，大体可分为 3 大类：压入法、弹跳法和划痕法。现在最常用的测量布氏硬度（代号 HB）、洛氏硬度（代号 R、RB、RC）、维氏硬度（代号 HV）等所用的计量器具有布氏硬度计、洛氏硬度计和维氏硬度计。基准器是标准硬度块。

（9）转速计量。转速计量是测量如船舰轮机的转速、泵机等各种马达的转速以及纺织中锭子和布机的转速等。单位是"弧度每秒"，符号为"rad/s"。所用的计量器具有转速表等。

（10）流量计量。流量计量是测定流体通过输送管道的数量，包括对流速和流量的测量。这部分计量对化工、石油、冶金等部门的生产流程的管理和自动化的控制而言极其重要。单位是"立方米每秒"，符号为"m^3/s"。所用的计量器具有各种流量计。

（11）振动计量。振动计量就是测量物体沿着直线或弧线经过某一中心位置（或平衡位置）来回运动的频率。计量单位是"赫[兹]"，符号为"Hz"。

（四）电磁计量

电磁计量是根据电磁原理，应用各种电磁标准器和电磁仪器、仪表，对各种电磁物理量进行测量。

（1）电流计量。电荷的有规则移动称为电流。在单位时间内流过导体横截面积的电量称为电流强度。单位是"安培"，符号为"A"。常用计量仪表有电流表。

（2）电动势计量。电动势在习惯上叫作电压。迫使电荷作有规律流动的一种势力称为电压。单位是"伏[特]"，符号"V"。常用的计量仪表有电压表、电位差计等，标准器是标准电池。

（3）电阻计量。电流流过物体中遇到的阻力叫作电阻。单位是"欧[姆]"，符号为"Ω"。常用的计量器具有电阻表、电阻箱、电桥等，标准器是标准电阻。我国的量子化霍尔电阻准确度达到了10量级，这标志着我国在该领域的计量技术水平已位于世界前列。

（4）电感计量。阻止电流变化的惯性叫作电感。单位是"亨[利]"，符号为"H"。常用的计量仪器有电流互感器、电压互感器等，电感计量标准是标准电感线圈等。

（5）电容计量。一种储藏电量的能力叫作电容。电容的单位是"法[拉]"，符号为"F"。常用计量器具有电容箱，标准器是基准电容器。

（6）磁场强度计量。用以衡量磁场强弱程度。磁场强度的单位是"安培每米"，符号为"A/m"。其计量标准器是标准互感线圈。

（7）磁通计量。通过某一面积的磁力线数（面积与磁力线相垂直）叫作磁通。它的单位是"韦[伯]"，符号为"Wb"。磁通计量标准器是磁通基准器。

（8）软磁材料参数计量。是软磁材料的特征磁参数的计量。例如，起始磁导率最大磁导率 μ、最大磁感应强度 B_m、剩余磁感应强度 B_r、矫顽力 H_c、磁化曲线、磁滞回线等。

（9）硬磁参数计量。是硬磁材料的特征磁参数的计量。如剩余磁感应强度 B_r、矫顽力 H_c、退磁曲线等。

（五）无线电计量

无线电计量是指无线电技术所用全部频率范围内从超低到微波的一切电气特性的测量。无线电计量中需要建立标准、开展量值传递和测试的参数是很多的。目前，我国建立的标准有：高频电压、功率、噪声、衰减、微波阻抗、相移、失真度等。

（1）高频电压计量。高频电压计量是无线电计量中最通用和基本的参数之一。大多数电子设备的计量都与它有关，如各种高频电压表、发射机和接收机等。

（2）功率计量。功率测量的原理是基于将高频和微波的能量转换成热、电、力等其他量来测量的，其中最通用的是利用微波能量转换成热量来测量，如量热式功率计、测辐射热功率计等。在诸如波导等很高频率的分布参数电路中，功率计量也显得非常重要。在电子技术中，既要测量发射机的输出功率，也要测量接收机的灵敏度，因此需要测量大、中、小功率甚至微小功率。功率是无线电计量中重要的参数之一。

（3）噪声计量。无线电计量中的噪声叫作电噪声，它是指存在于器件、电路、电子设备和信号通道中不带有观察者所需要信息的无规则信号。噪声计量是决定一个接收系统（从最普通的收音机、电视机到各种雷达和卫星通信的大型地面站）的灵敏度和测试分辨力的重要因素。目前，我国已建立的噪声标准有：1.3cm 和 2.5cm 波导高温噪声标准、同轴热噪声标准、5cm 和 7.5cm 低温噪声标准。

（4）衰减计量。衰减计量是表征无线电波在传输或传播过程中由于能量的损耗和反射，传输功率或电压减弱程度的一种量度。由于雷达、导航、卫星通信、射电天文等近代技术的迅速发展，要求发射机的功率越来越大，接收机的灵敏度越来越高，对衰减计量从准确度到动态范围都提出了越来越高的要求。如衰减量程已要求大到 150 ~ 170dB，小到 0.01 ~ 0.0001dB，频率范围则要求布满整个无线电频段。衰减计量标准器具有着极高的准确度。我国用于衰减计量的标准器主要有 3 种：截止衰减器、电感标准衰减器（感应分压器）和回转衰减器。

（5）微波阻抗计量。阻抗计量是对物体或电路电特性的物理量的测量。所谓微波阻抗，可以由阻抗参量、反射参量和驻波参量这 3 套参量来表示。实际上，在微波频段，微波阻抗计量中，常常直接测量驻波参量或反射参量。常见的计量仪器有：测量线反射计、时域反射计、驻波比电桥等。

（6）相移计量。相移计量一般是测量两个振荡之间的相位差或相移。相移计量具有十分重要的意义，在无线电电子学领域，从早期的长途电话系统到现代的电视、雷达、导航、制导、反射控制系统和电子计算机等均要应用相移测量。在各种定量控制中，诸如轧钢板厚度自动控制、发动机的湍动等，也常常把非电量转换成两个电振荡之间的相位关系来测量。此外，在高能加速器、激光测距以及油田油水岩层结构的研究等领域也要用到相移测量。测量相移的仪器称为相位计。通常相位计的校准或检定是使用移相器。我国已建立的相移标准有：微波宽带相位标准测量装置和同轴射频相移标准测量装置。

（7）失真度计量。任何振荡器产生的正弦波信号都不会是纯粹的单一频率的正弦信号，任何放大器、网络和显示屏在放大、传输和显示信息时也都会发生不同程度地偏离原始输入信息，这些现象统称为失真。而常用的非线性谐波失真，定义为信号中全部谐波电压（或电流）的有效值与基波电压（或电流）有效值之比值的百分数。

失真度是无线电参数中的一项常用的参数，它在无线电工程技术（广播、通信、电视、录音、电声和传输等）、国防、无线电测量和电测量等领域中都有广泛的应用。失真度计量主要包括：低失真和超低失真信号的产生和测量；放大器、网络的谐波失真、互调失真等的测量；失真度测量仪和"失真仪检定装置"的检定等。

（六）时间频率计量

时间和空间是描述各种客观事物的发展运动变化的基本参量。时间的计量单位是"秒"，符号为"s"。时间和频率是描述周期现象的两个不同方式。

周期现象在单位时间内重复变化的次数称为频率；单位为"赫[兹]"，符号为"Hz"。时间和频率在数学上互为倒数关系，所以时间和频率计量实际上是共用同一个基准。如时间频率基准——铯原子钟的准确度已达 1×10^{-14}，相当于 600 万年不差 1 秒。

时间频率计量无论在卫星发射、导弹跟踪、飞机导航、潜艇定位、土地测量、天文观测、邮电通信、广播电视、科学研究、交通运输、钟表生产、体育比赛、乐器调律等方面都有着极其广泛的应用。在 7 个国际单位制的基本单位中，时间计量单位"秒"的准确度为最高，而且量值传递简便多样（如利用无线电发播传递）、稳定可靠。因此，现代社会中各种计量单位都努力使其本身和时间或频率结合起来，以便通过测量时间或频率得到物理量，从而提高该计量单位的准确度。例如，长度单位"米"的新定义是"光在真空中经过（1/299792458）s 所传播的距离"，即指长度是通过光速值与时间单位的关系得出来的。

标准时间和标准频率的传递有直接比对和接收比对两种。直接比对法是将被校频标通过高精度频率测量装置与频率基准进行比对校准。例如，原子钟相互之间的比对就常用此法。接收比对则有短波发播，即高频接收比对；长波（100kHz）和超长波（10MHz～60kHz）发播，即低频和低频接收比对；还有利用电视信号或人造卫星进行远距离时刻比对等。我国依据激光冷却 - 原子喷泉原理研制成功的 NIM4 激光冷却 - 铯原子喷泉基准钟，它的准确度达到了 1500 万年不差一秒，不确定度达到

5×10^{-15}，为世界先进水平。

(七) 放射性计量

放射性计量应称为电离辐射计量，是对那些能直接或间接引起电离的辐射 (X 射线，γ 射线，伦琴射线，镭、铀、钍元素的中子辐射) 进行的测量。放射性计量分为适度计量 (或称强度计量) 和剂量两个方面。它广泛应用于医疗卫生 (如服用同位素、肝扫描都必须剂量诊断准确)、环保监测、原子能发电、探矿、探伤、石油管道去污定位以及应用于农业上的育种和食品等。放射计量仪器主要是伦琴计。

(八) 光学计量

光学计量主要包括光强、光通量、亮度、照度、色度、辐射度、感光度、激光等项。光学计量的基本单位有：发光强度 "坎 [德拉]"，符号为 "cd"；光亮度 "坎 [德拉] 每平方米"，符号为 "cd/m^2"；光通量 "流 [明]"，符号为 "lm"；光照度 "勒 [克斯]"，符号为 "lx"。

光学计量的应用很广泛，各种现代建筑物的建造都要进行光强度的计量，以达到规定的照度标准。在光谱学方面，需要测量光谱的光度。此外，辐射强度的测量，软片、胶卷的感光度，光学玻璃的折射率，纺织品的染印，颜料工业，文化教育事业中电影、电视都需要准确的光度、色度和色温计量。在国防上，如导弹的导向、特种摄影、高速摄影等更需要对紫外线、红外线等进行准确的测量。

(九) 声学计量

声学计量是专门研究测量物质中声波的产生、传播、接收和影响特性的。声强、声压、声功率是声学计量中 3 个重要的基本参量。其中声压的应用最为广泛，因为直接测量声强和声功率非常困难，而测量声压则比较容易，因此常常通过测量声压来间接地测量其他参量。

声学计量涉及通信、广播、电影、房屋建筑、工农业生产、医药卫生、航行、渔业、海防、语言、音乐、生理、心理，以及各种生产、生活与科学领域。例如，水声计量应用于军事方面用来搜索、引导武器攻击敌人的舰艇，在经济建设方面用于导航、保证航海安全、探测鱼群捕捞、研究海底的地质结构以及测量海底深度等。成为近代尖端技术之一的超声学，可用来进行化学分析、检查材料质量。超声计量在医疗卫生方面 (超声医疗仪) 能够治疗风湿、冠心病、脑血栓等病症。

此外，还有听力测量、噪声测量等。计量部门使用声学计量基准 (标准) 仪器，如耦合腔压电补偿装置、基准传声器等来传递检定标准水听器、高精度水听器、标准传声器、工作传声器、听力计、仿真耳、助听器、声级计等。

（十）化学计量

化学计量也称为物理化学计量，是指对各种物质的成分和物理特性、基本物理常数的分析、测定。主要包括碱度、气体分析、燃烧热、黏度、标准物质等。由计量部门通过发放标准物质进行量值传递（直接校验管道性流水线上的化学计量仪器来达到质量控制）是化学计量的显著特点。

（1）标准物质。标准物质是具有一种或多种足够好的确立了的特性，用来校准计量器具、评价计量方法或给材料赋值的物质或材料。故标准物质也可以说是一种"量具"。在纯金属、矿石、矿物、聚合物、生物学物质、化学试剂、环境保护等方面，都需要有标准物质。

（2）酸碱度计量。测定溶液酸性或碱性的程度。其计量单位用氢离子活度来表示，即人们常说的pH。一般酸碱度的测量范围为 0 ~ 14。pH=7 为中性，pH > 7 为碱性，pH < 7 为酸性，所用的计量仪器有酸度计等。我国已建有酸度标准，在 0 ~ 95℃时，正负偏差不超过0.02。

（3）黏度计量。黏度计量在石油、化工、煤炭、冶金、轻工、国防及科学研究方面应用广泛。在石油工业中黏度是衡量石油产品质量的最重要指标之一；润滑油黏度值的测定对机械安全运转，保证飞机正常飞行有重要意义；在合成纤维工业及塑料工业中通过测定聚合物的黏度来控制产品的聚合度；在煤炭、冶金工业中需要测定熔融炉渣的黏度，使其顺利排渣等。黏度的测量分为绝对测量和相对测量，根据不同原理，可以制成不同类型的黏度计，如毛细管黏度计、落球黏度计、旋转黏度计、振动黏度计、超声波黏度计等，其中玻璃毛细管黏度计最为普遍。我国根据相对测量法建立的工作基准组采用乌氏玻璃毛细管黏度计。

（4）成分分析。随着生产、建设、科研、国防的需要，以气压、密度、热化学、黏度、扩散、声学、热导、电导、极化、吸附、磁学、光学、质谱等原理为基础的各种气体成分分析法已被普遍使用。它们对于开展环境保护、治理"三废"，开展综合利用都很重要。这些成分分析所需要的仪器与保证其量值准确的标准物质一般应结合应用。

（5）热量计量。测定各种燃料的燃烧热叫作热量计量。热量的测定，对工业、国防、火箭技术、化学研究等有重要作用。其计量单位为"焦 [耳]"，符号为"J"。

（6）标准测试方法。统一的标准测试方法，如基本物理常数、物质提纯度等有关的测试工作在理化计量中仍占有重要地位。我国正努力开展这方面的计量管理和研究工作。例如，物质的提纯，有的可达到七个"9"以上，即99.99999%。

21世纪，国际计量界十分重视开创化学计量新领域，并已在理论和实践上进行了有益和有效的探索，确定了环境（气、水、土壤中污染物的化学成分）、健康（食品和药品的中化学成分）、工业（如金属材料的化学成分）及天然气的化学计量领域，使化学计量在全球环境、人类健康、国际贸易、资源开发和新材料等领域发挥着重要作用。

我国在长度、电学、热工、时间频率等计量方面，已建立了以量子效应为基本原理的自然基准体系，测量准确度达到十亿分之一。为我国工农业生产、国防建设和科学技术的现代化提供了重要的技术手段，也为我国签署国际间校准和检测证书等效协议奠定了基础。

第二节　计量的作用与意义

计量学是有关测量知识的科学，有时简称为计量。它主要研究测量，保证测量结果的准确和统一，涉及有关测量的整个知识领域。具体地说：计量学研究可测的量，计量单位，计量基准、标准的建立、复现、保存及量值传递，测量原理、方法及其准确度，物理常数、常量和标准物质的准确确定，有关组织机构及个人进行测量的能力以及计量的法制和管理等。在计量学研究内容中，既有计量技术问题，也有计量管理问题。

一、计量技术和计量管理互相依存

计量管理和计量技术是计量学中的两大组成部分，计量管理的基础是计量技术管理，同时应该认真实行计量法制管理。

计量法制管理即计量管理中的法制管理部分，又称为法制计量学，即研究与计量单位、计量器具和测量方法有关的法制和行政管理要求的计量学部分。它主要研究法定计量单位和法定计量机构，建立法定计量基准和标准，制定和贯彻计量法律和法规。对制造、修理、销售、进口和使用中的计量器具实行依法管理和检定，以及保护国家、集体和公民免受不准确和不真实测量的危害而进行的计量监督等。

计量技术管理主要是指研究建立计量标准、计量单位制、计量检定和测量方法等方面的管理技术。

计量科学技术（简称计量技术）是通过实现单位统一和量值准确可靠的测量，发展精密测试技术，以保证生产和交换的进行，保证科学研究的可靠性的一门应用技术科学。计量技术贯穿于各行各业，是面向全社会服务的横向技术基础，也是人类认识自然、改造自然的重要手段。

计量管理和计量技术是计量学的两大支柱，也是推动计量学发展的两个轮子。

计量技术一般以实验技术和技术开发为主要特色，是涉及到各行各业、各门科学，直接为国民经济与社会服务的应用技术科学，它是人类认识自然、改造世界的重要手段，现代化工农业生产和科学研究促进新计量技术的不断发展，而现代计量技术如自动测量、动态测量等也要求计量管理计术不断改进、创新，并有效保证计量的准确性、量值的可溯源性和一致性。

现代计量管理是以法制计量管理为核心，综合运用技术、经济、行政等管理手段，并以系统论、信息论和控制论等现代化管理科学为理论基础的管理科学。现代计量管理保证了计量技术的有效应用，它推动了计量技术向系统、精密等现代化方向发展。

与其他管理、技术一样，计量管理与计量技术虽然研究对象各有区别，但又高度综合，密不可分。离开计量技术，计量管理犹如无的放矢；同样的，离开计量管理，计量技术也会无力可效。它们确实如同一辆自行车的两个轮子一般，互相依存、相互促进，共同驱动着计量学这辆"自行车"不断向前行进。

二、计量是社会生产力的重要组成部分

社会生产的基本要素是劳动者和生产资料。掌握科学技术的劳动者，运用先进的技术和管理，就能大幅度地提高社会生产力。因此，科学技术是第一生产力，已成为当代人的共识。而计量是现代科学技术的重要组成部分，是工程与技术科学的基础学科，显然，也是社会生产力的重要组成部分。

科技要发展，计量需先行，科学技术发展到今天，可以说如果没有计量，将寸步难行。实际上，任何科学技术的产生与发展，都离不开计量（或测量），计量（或测量）是人们认识事物必不可少的方法。因此，完全可以说计量也是第一生产力。以下从社会生产力的两个基本要素来看计量是社会生产力的重要组成部分。

（1）劳动者应该掌握计量技术。劳动者，从古至今一直是生产力中最活跃、最积极的要素，但如果他们不掌握相应的计量技术，就不可能成为合格的劳动者。远古时代，人类的生产活动主要是打猎、采食和建造住所，尽管当时还没有专用的计量器具，但他们掌握了"布手知尺""迈步定亩""结绳记事""刻木记日"等简单的计量知识，从而得以生存与发展。

现代的劳动者，不管是从事工农业生产的工人，还是从事科研的科技工作者，都需要掌握相应的计量测试技术，否则，就不可能生产出合格的产品，更不可能从

事有效的科研工作。

（2）计量器具是具有特殊效用的生产资料。在一个企业，厂房、设备、工具、原材料和能源都是生产经营必需的生产资料，而计量器具则是其中具有特殊效用的生产资料。在一个机械工业企业中，长、热、力、电和理化计量器具占其固定资产的1/4左右，而其计量室的造价往往是同面积厂房的2～4倍，它们是确保企业产品质量和经济效益的必不可少的生产资料。在冶金、化工等企业，计量的作用更为突出。

三、计量是国民经济的重要技术基础

计量广泛地应用于工农业生产、国防建设、科学研究、经济贸易、医疗卫生、环境保护，以及广大人民群众的日常生活之中，已成为国民经济的一项重要技术基础。

（一）计量是工农业生产的重要因素

现代工农业生产的显著特点是社会化大协作生产，如一辆汽车，有近万个零件，需数百家企业协作生产，没有量值准确的计量作保障，产品组装就会出现"敲、打、锉、磨"现象，不可能实现产品质量标准化，也不可能提高生产效率。一个齿轮，从毛坯到成品，需要进行长度、力学、温度、物理、化学等计量测试20多次，只要有一次计量失控，就会影响其质量性能，甚至报废。

现代农业生产是科学种田，要实现高产、优质、低耗等目标，也同样离不开准确的计量。例如，土壤酸碱度、盐分、水分、有机质和氮、磷、钾含量的测试，农作物种子质量的测定，生长期的气温、土壤肥力等测量，无一可离开计量工作。

为此，人们把计量视作工农业生产必不可少的"耳目"和企业质量体系中的关键要素。

（二）计量是国防现代化建设的"先行官"

任何一项武器，从研制、设计、试验、定型到生产，都离不开计量，如火箭的结构设计和加工制造离不开长度计量；原材料的选择、确定需要强度、硬度计量；燃料分析需要化学计量；火箭的发射、运行方向和速度的控制更离不开力学、无线电、时间频率和振动等计量。如果"差之毫厘"，就会"谬以千里"，甚至会导致发射失败。

因此，各国在国防现代化建设中，都十分重视计量这个"先行官"的作用，不惜投入大量的人、财、物，以确保其武器计量的准确度和量值的统一，达到有效地保家卫国。

（三）计量是人类安全、健康的"卫士"

保障安全和健康是人类的共同愿望和要求，而要实现这个愿望和要求，则离不开计量这个忠诚可靠的"卫士"。

在工农业生产中，当处于高温、高压、易燃、易爆、有毒、辐射等生产条件时，必须以相应的计量测试和控制为前提。

人类生存的环境要求防治和治理污染，而无论是废气、废水、废渣，还是噪声的治理和防治都离不开相应的计量测试工作。

医院诊断病情的仪器失准，将会直接危害病人的身体健康。必须准确测试和控制微波加热治癌过程。否则，可能治疗效果不佳，延误治疗，也可能导致病人正常细胞受损，影响病人身体健康。而 X 射线治疗机的照射剂量失控，更会使病人遭受严重的放射性损伤。

航空运输是省时、快捷和舒适的现代化交通运输方式，但如其导航仪表失灵，导致空难事故，那就会危及乘客的生命财产安全。

（四）计量是科学研究的"助手"

日益发展的现代科学技术研究，从广阔宇宙天体到原子中的最小粒子；从太阳与热核反应的超高温到液氮装置的超低温；从相距数千万光年的光波到电磁波，都需要各种准确的计量器具去测量、探索、研究。

精确的计量往往为开拓新的科学领域充当了向导。例如，著名物理学家普朗克在德国计量研究部门研究黑体辐射定量关系时，提出了量子论。没有精确的计量，则会使科研失败或停滞不前。可以看出，计量是一切科学研究必不可少的"助手"。

（五）计量是市场经济和社会生活中必不可少的工具

现代经济是国际化的市场经济，任何一个国家，都不能脱离国际贸易而闭门建设，无论是企业、地区、国家之间的贸易；无论是空运、海运，还是陆运，都离不开准确的商品量计量，否则，就会造成严重的经济损失。

现代计量在人民群众日常生活中，也已远远超出度量衡的狭小范围，人们的衣、食、住、行、柴、米、油、盐、保健、工作，样样离不开计量，没有尺、秤、电表、水表、煤气表、钟表、温度计，轻则影响人类的正常工作与生活，严重的还要危及人类的生命财产安全。

总之，计量有力地促进和推动了社会工农业生产和科学技术的发展，保障了人类正常的工作和生活，社会要发展，计量需先行。

第三节　计量单位与单位制

一、计量单位制

(一) 量、量制与量纲

量是现象、物体或物质的可以定性区别和定量确定的一种属性。任何现象、物体或物质之所以存在并被察觉，就是因为它们具有一定的量。不同量可以通过定性和定量加以区别，所谓定性区别的含义是指量的单位，而定量确定的含义则是指量的数值。计量学中的量都是由一个数值和一个称为计量单位的特殊约定来组合表示的。

可直接相互比较的量 (简称可比量) 称为同种量；某些同种量又可组合在一起称为同类量，如功、热、能，厚度、周长、波长等。

计量学中的量，可分为基本量和导出量。在一定的量制中，约定的、被认为彼此独立的量，称为基本量；而由本量制的基本量的函数所定义的量，则称为导出量。

科学中所有领域或一个领域的基本量和相应导出量的特定组合，称为量制。通常以基本量符号的组合作为特定量制的缩写名称，如基本量为长度 (1)、质量 (m) 和时间 (t) 的力学量制的缩写名称为 1、m、t 量制。

在量制中，以基本量的幂的乘积表示，且其数字系数为 1 的本量制的一个量的表达式，称为量纲。量纲皆以大写的正体拉丁字母和希腊字母表示，如在力学量制中，力的量纲为 LMT^2。在国际单位制 (SI) 中，7 个基本量的量纲分别以 L (长度)、M (质量)、T (时间)、I (电流)、Θ (热力学温度)、N (物质量) 和 J (发光强度) 表示。力的量纲为 LMT^2，电阻的量纲为 $L^2MT^3I^2$。除了 7 个基本量，其他所有导出量的量纲形式都可以表示为基本量的量纲之积，故量纲常常称为量纲积。总之，任意的量纲 Q 都可以表示为：

$$\dim Q = L^\alpha M^\beta T^\gamma I^\delta \Theta^\varepsilon N^\xi J^\eta \tag{1-1}$$

指数 α、β、γ、δ、ε、ξ 和 η 均为比较小的整数，可以是正数、负数和零。导出量的量纲提供了关于量和基本量之间的关系信息，和由 SI 基本单位的幂的乘积得到的导出量一样。

式 (1-1) 中，若导出量 Q 的量纲指数皆为零，则称为无纲量。严格地说，所谓无纲量，并非没有量纲的量，只不过是量纲指数为零而已。由于任何指数为零的量皆等于 1，故亦可以说，量纲等于 1 的量为无纲量。

在实际工作中，量纲的应用有相当重要的意义。任何科技领域中的规律、定律都可通过各有关量的函数式来描述。也就是说，所有的科技规律、定律都可以通过一组选定的基本量以及由它们得出的导出量来表述；而所有的量又都具有一定的量纲，即所有的物理量都包含在一个量纲系统中，从而使它们所描述的科技规律、定律获得统一的表示方法。

于是，通过量纲便可得出任一量与基本量之间的关系，还可以检验量的表达式是否正确等。如果一个量的表达式正确，则其等号两边的量纲必然相同，说明该表达式符合量纲法则。注意，这里所说的正确，是指按一定的原理或定义所得出的表达式，而并不是指所依据的原理或定义。也就是说，不符合量纲法则的表达式肯定是错误的；而符合量纲法则的表达式，就其所反映的规律而言，也不一定是正确的。这是因为在给定量制中，同种量的量纲一定相同，而相同量纲的量却未必同种。

（二）米制的形成

计量单位和单位制是计量技术的重要基础，也是计量管理的重要基础。

单位制的形成和发展，与科技的进步、经济和社会的发展密切相关。国际单位制是在1960年第十一届国际计量大会上通过，并在以后的实践中逐步发展和日趋完善的，是目前世界上最先进、最科学和最实用的单位制。由于国际单位制是在米制的基础上发展起来的，其中许多单位的名称和符号又都沿用了米制，故又有"现代米制"之称。

米制是国际上最早公认的单位制。早在十七八世纪，由于计量单位及计量制度的混乱，就已经严重影响了科技和经济的发展，特别是在国际贸易和科技交流上的反映更加明显。于是，科学家们开始探求一种不分国家，即各国都适用的通用计量单位及计量制度。1791年经法国科学院的推荐，法国国民代表大会采纳了以长度单位"米"为基本单位的计量制度。当时，将法国敦刻尔克与西班牙巴塞罗那连线所在的地球子午线弧长的四千万分之一作为长度的基本单位，取名为"米"。面积和体积的单位分别是平方米和立方米，以及它们的十进倍数与分数单位。水的密度在4℃时具有最大值，于是法国国民议会将4℃时体积为1立方分米的纯水所具有的绝对质量规定为1千克，并作为质量的基本单位使用。由于这种制度是以"米"为基础的，故而称为"米制"。

1772年，法国外交部就有关事项与西班牙政府达成一致，决定将拟定的子午线划分为南、北两段。其中南段位于罗德兹和巴塞罗那之间，由麦卡恩负责测量；北段位于罗德兹和敦刻尔克之间，由德拉布里负责测量；最终得出该长度为443.296分（当时巴黎使用的长度单位）。英国人勒努瓦选用金属销，打造出4根横截面为矩形，左、右两端之间的距离正好等于1米的长杆状物件，并从中挑出最接近"米"的规定值、相对误差仅有 0.001% 的那根，将其作为标准用尺。1799 年，法国科学院举行盛大仪式，将勒努瓦选取的标准米尺交给法国国民议会。国民议会随后将该尺存放于法国档案局，史称档案局米（metre des archives）。1799 年 12 月，国民议会颁布法律，将档案局米规定为长度原器。至此，完成了对长度单位米的定义工作。

关于质量，拉瓦锡尔等人测量了给定体积的水的质量，然后，依据所得的测量结果，用纯铂材质完成千克砝码的制作。1799 年 6 月，纯铂材质的千克砝码与"米"的标准用尺一同送存于法国档案局，史称档案局千克（kiligramme des archives）。同年 12 月，法国国民议会颁布法律，将档案局千克规定为质量原器。就这样，关于质量单位的定义工作也宣告完成了。与此同时，也宣告了米制的诞生。

米制形成以后，就缓慢而坚定地在世界各地推广开来。1858 年（清咸丰八年），米制传入我国，当时叫米突制、公制等，主要用于海关。

（三）计量单位的内涵与分类

为了定量表示同种量的值，必须有一个量作为比较的基础，这种约定选取的特定量（通常其量值为 1）便称为计量单位。计量单位具有明确的名称、定义和符号，并命其数值为 1，如 1m、1kg、1s 等。计量单位的符号，简称单位符号，是表示计量单位的约定记号。

国际计量大会（CGPM）对很多单位符号有统一的规定，一般称国际符号。国际符号的形式有两种：一种是字母符号，即拉丁字母和希腊字母符号，如 m 表示"米"；另一种是附于数字右上角的符号，如表示平面角的度（°）、分（'）、秒（"）。计量单位的中文符号由单位和词头的简称构成，如电容单位皮法 [拉]（pF）的中文符号为"皮法"（即 10^{-12}F）。

计量单位是在实践中逐渐形成的，往往不是唯一的，甚至有的量有若干个单位，如长度的单位就有米、码、英尺、市尺等。对于一个特定的量，其不同单位之间都有一定的换算关系，如 1 米等于 3 市尺或等于 3.281 英尺，等等。

计量单位一经选定，所有同种量便可用单位与纯数之积来表示，并称为该量的量值。

量的大小和量值的形式无关。量的大小是客观存在的，不取决于知道与否，也不取决于所采用的计量单位。也就是说，量的大小与所选择的单位无关；而量值则因单位不同而形式各异，即由于计量单位选取的不同，同一个量便会体现出不同形式的量值。例如，粒子的速度 v 可以表示为 v=25m/s=90km/h，两个量值虽然截然不同，但表示的却是同一个量的大小（粒子的速度）。

由于量的种类繁多，而且每个量又可能有不同的计量单位，所以为了便于应用，便在给定的量制中，约定选取某些具有独立定义的基本量单位作为基础，并根据定义方程式由它们及一定的比例因数来导出其他相关量的单位。这些基本量的计量单位，便称为基本单位，而导出的其他相关量的单位则称为导出单位。为缩减符号长度，某些导出单位设有专门的名称和符号。例如，在国际单位制中，力的单位是由基本单位千克（kg）、米（m）和秒（s）导出的导出单位，并表示为 $m \cdot kg \cdot s^{-2}$；而其专门名称则为牛顿，符号为 N。

对于给定的量制，由选定的一组基本单位和该组基本单位及一定的比例因子根据定义方程式所确定的导出单位共同构成的单位体系，称为单位制。显然，所选取的基本单位不同，单位制也就不同。例如，以厘米、克、秒作为基本单位的单位制，称为厘米克秒制（CGS 制）；以米、千克、秒作为基本单位的称为米千克秒制（MKS 制）。

1. 基本单位

对于基本量，约定采用的测量单位为基本计量单位，简称基本单位，即在计量单位中选定作为构成其他计量单位基础的单位都称为基本单位。

目前，国际通用的基本单位有以下七个：

（1）长度。单位是米（m），是光在真空中（1/299792458）s 时间间隔内所经过路径的长度。

（2）质量。单位是千克（kg），等于国际千克原器的质量。

（3）时间。单位是秒（s）是铯 -133 原子基态的两个超精细能级间跃迁所对应的辐射的 9192631770 个周期的持续时间。

（4）电流。单位是安 [培]（A），在真空中，截面积可忽略的两根相距 1m 的无限长平行圆直导线内通过等量恒定电流时，若导线间相互作用力在每米长度上为 $2 \times 1^{-7}N$，则每根导线中的电流为 1A。

（5）热力学温度。单位是开 [尔文]（K），水三相点热力学温度的 1/27316。

（6）物质的量。单位是摩 [尔]（mol），是一系统的物质的量，该系统中所包含的基本单元数与 0.012kg 碳 -12 的原子数目相等。在使用摩尔时，基本单元应予指明，可以是原子、分子、离子、电子及其他粒子，或是这些粒子的特定组合。

（7）发光强度。单位是坎 [德拉]（cd），是一光源在给定方向上的发光强度，该光源发出频率为 $540 \times 10^{12}Hz$ 的单色辐射，且在此方向上的辐射强度为（1/683）W/sr。

需要注意的是，除千克外，其余 6 个基本单位都是根据自然规律可复现的，基于自然常数的千克新定义即将产生。

2. 导出单位

导出量的测量单位称为导出计量单位，简称导出单位。这就是说，由基本单位以相乘或相除而构成的单位称为导出单位，如速度由长度除以时间导出，密度由质量除以体积即长度的三次方导出等。

导出单位又可人为地分成下列5种。

（1）辅助单位。国际上通用的辅助单位只有下列2个。

1）弧度。弧度是一个圆内两条半径之间的平面角，这两条半径在圆周上截取的弧度与半径相等。符号是 rad。

2）球面度。球面度是一个立体角，其顶点位于球心，而它在球面上所截取的面积等于以球半径为边长的正方形面积。符号为 sr。

（2）具有专门名称的导出单位，如 1Hz=1/s、1N=1kg•m/s^2 等。

（3）用基本单位表示，但无专门名称的导出单位，如面积单位 m^2、加速度 m/s^2 等。

（4）由专门名称的导出单位和基本单位组合而成的导出单位，如力矩 N•m、表面张力 N/m 等。

（5）由辅助单位和基本单位或有专门名称的导出单位组成的导出单位，如角速度 md/s、辐射强度 W/sr 等。

3. 计量单位的其他分类

计量单位还可以有下列类别。

（1）主单位和倍数（或分数）单位。凡是没有加词头而又有独立定义的单位（千克除外）都称为主单位，按约定比率，由给定单位形成的一个更大（或更小）的计量单位，称为倍数（或分数）单位。例如，吨是千克的十进倍数单位，小时是秒的非十进倍数单位，而毫米是米的十进分数单位。这就是说倍数单位或分数单位一般都加有词头。

（2）制内和制外单位。不属于给定单位制的计量单位称为制外计量单位，简称制外单位。例如，时间单位天、时、分，都是国际单位制的制外单位。

（3）法定和非法定单位。按计量法律、法规规定，强制使用或推荐使用的计量单位称为法定计量单位，简称法定单位。这就是说，法定单位一般都是由国家以法令形式决定强制采用的计量单位。一旦公布后，国内任何部门、地区、机构和个人都必须严格遵循采用，不得违反。有些国家还写在宪法中以强制实施。

（四）计量单位制的内涵

对于给定量制的一组基本单位、导出单位、倍数单位和分数单位及使用这些单位的规则称为计量单位制，简称单位制，而量制是彼此间由非矛盾方程联系起来的一组量。

同一个量制可以有不同的单位。单位制由一组选定的基本单位和由定义公式与比例因数确定的导出单位组成。具体地说：就是选定了基本单位后，可按一定物理关系构成一个系列的导出单位，这样的基本单位和导出单位就组成一个完整的单位体系，这个单位体系就称为单位制。由于基本单位选择的不同，就产生了各种不同的单位制。

（1）厘米克秒制（CGS）。这是选定长度以厘米（cm），质量用克（g）、时间由秒（s）作为基本单位的单位制。

（2）米千克秒制（MKGS）。这是选定长度以米（m）、质量用千克（kg）、时间由秒（s）作为基本单位的单位制。

（3）工程单位制（米公斤力秒制）。这是选定长度以米、重力用公斤力、时间由秒作为基本单位的单位制，由于它多用在工程建设上，因此就称为工程单位制。

（4）国际单位（SI）。国际单位制是由国际计量大会（CGPM）批准采用的基于国际量制的单位制，包括单位名称和符号、词头名称和符号及其使用规则。它也是由 1960 年第十一届国际计量大会提出和通过的，国际上公认的选用米（m）、千克（kg）、秒（s）、安培（A）、开尔文（K）、摩尔（mol）和坎德拉（cd）为 7 个基本单位所构成的单位制，称为国际单位制，缩写符号为"SI"，因此人们又把国际单位制写成"SI 制"或"SI 单位制"。

尽管国际单位制产生的时间还不长，但已被国际标准化组织（ISO）制定成国际标准，先后被各国际组织和世界绝大多数国家采纳、使用，因此，国际单位制已是目前国际上最广泛统一使用的一种计量单位制。

国际单位制的优点如下。

1）统一性。国际单位制中 7 个基本单位都有严格的定义。其导出单位则通过选定的方程式用基本单位来定义。从而使量的单位之间有直接内在的科学联系，使力学、热学、电磁学、光学、声学、化学、原子物理学等各种理论科学与技术科学领域中的计量单位统一在一个科学的单位制中，而且各计量单位的名称、符号和使用规则都有统一的规定，实行了标准化，做到每个计量单位只有一个名称，只有一个国际上通用的符号。

2）简明性。国际单位制取消了相当数量的计量单位，大大简化了物理定律的表示形式和计算过程，省略了由于各种计量单位制并用而带来的不同单位制之间或不同单位之间的换算系数。例如，很多力学和热学公式采用国际单位制后就可省去热功当量、功热当量、千克和牛顿的转换系数等常数，而且也不必编制很多换算表，避免了繁杂的计算过程，不但可以节省不少人力、物力和时间，还能避免或大大减少在计算和设计上可能引起的错误。

3）实用性。国际单位制的全部基本单位和大多数导出单位的大小都很实用，绝大部分已在广泛应用，如安 [培]（A）、伏 [特]（V）、焦 [耳]（J）等，常用量中并没有增添不常用的新单位、词头和基本单位，导出单位搭配使用后，适应各方面的实际需要。例如，压力单位"帕 [斯卡]"（Pa），虽然在一些工程压力范围内显得小些，但如以"兆帕斯卡"为计算单位就可满足工程使用。又如，过去常用力的单位是千克力，它近似等于 10 牛顿，在许多实用场合下，使用牛顿不仅能满足使用要求，而且是很方便的。

4）合理性。国际单位制坚持"一量一单位"的原则，这样就避免了多种单位制和单位并用而带来的"用同一单位表示不同物理量""用不同单位表示相同的物理量"等种种不合理现象，也可以避免同类量却有不同量纲，以及不同类的量却具有相同量纲的矛盾现象。

例如，过去，千克是质量单位，千克力是力的单位，这两种根本不同的物理量，还属于两种不同的单位制的量，却用同一质量计量基准。又如，采用 SI 制以前，一个功率单位却可用瓦特、千克力•米 / 秒、马力、英尺、磅力 / 秒、卡 / 秒、千克 / 小时等很多不同的单位表示。现在大家认识到力学、热学、电学中的功、能和热量，虽然测量形式不同，但本质上是相同的量。因此 SI 制中只用一个能量单位焦 [耳]就表达了，功率也只用一个单位瓦 [特] 就行，既简单又合理。

5）科学性。国际单位制一律根据科学实验和社会实践所证实的规律来严格定义每个计量单位，明确和澄清了很多量与单位的概念，废弃了一些旧的不科学的习惯、名称和用法。例如，摩尔（mol）的定义，明确了物质的量与质量与重力在概念上的区别。国际单位制所选定的 7 个基本单位，目前都能以当代科学技术所能达到的最高准确度来复现和保存。显然，建立在这些基本单位基础上的 SI 制是很科学的。

6）继承性。在国际单位制选用的七个基本单位中，除物质的量摩 [尔]（mol）外，其余 6 个计量单位都是米制中所采用的。因此，国际单位制又被称为现代米制，它继承了米制中的合理部分，如采用十进制和换算系数为一的"一贯性原则"。许多单位名称也都保持了米制的习惯。由于 SI 制的继承性优点，这就使许多原来采用米制的国家在贯彻实施国际单位制的过程中较为顺利。

二、法定计量单位

（一）法定计量单位的构成

我国法定计量单位的构成如下。

（1）国际单位制的基本单位。

（2）国际单位制的辅助单位。

（3）国际单位制中具有专门名称的导出单位。

（4）国家选定的非国际单位制单位。

（5）由以上单位构成的组合形式的单位。

（6）由词头和以上单位所构成的十进倍数和分数单位。

以下主要介绍我国选定的非国际单位制单位。

（1）原子质量单位（u。）一个碳-12原子质量的1/12。$1u \approx 1.660538921 \times 10^{-27}kg$。

（2）电子伏（eV）。一个电子在真空中通过1伏特电位差所获得的动能。$1eV \approx 1.602176565（35）\times 10^{-19}J$。

（3）分贝（dB）。两个同类功率量或可与功率类比的量之比值的常用对数乘以10等于1时的级差。

（4）分（min）。60秒的时间。1min=60s。

（5）小时（h）。60分的时间。1h=60min。

（6）天（日）(d)。24小时的时间。1d=24h。

（7）角秒 [（ " ）]。1/60角分的平面角。1"=（1/60） ' 。

（8）角分 [（ ' ）]。1/60度的平面角。1 ' =（1/60）°。

（9）度 [（°）]。$\pi/180$弧度的平面角。$1° =·（\pi/180）rad$。

（10）转每分（r/min）。1分钟内旋转一周的转速。$1r/min=（1/60）s^{-1}$。

（11）海里（n mile）。1852米的长度。1n mile=1852m。

（12）节（kn）。1海里每小时的速度。1kn=1n mile/h。

（13）吨（t）。1000千克的质量。1t=1000kg。

（14）升 [L，(l)]。1立方分米的体积。$1L=1dm^3$。

（15）特克斯（tex）。1千米长度上均匀分布1克质量的线密度。1tex=1g/km。

（16）公顷（hm^2）。1万平方米的土地面积。$1hm^2=10000m^2$。

对以上我国选定的非国际单位制单位，需要注意以下4点。

第一，我国法定计量单位的定义是参照国际计量大会、国际计量局和国际标准化组织等的有关规定拟定的。

第二，摄氏温度单位"摄氏度"与热力学温度单位"开尔文"相等。摄氏温度间隔或温差既可以用摄氏度表示，又可以用开尔文表示。以摄氏度（℃）表示的摄氏温度（t）与以开尔文（K）表示的热力学温度（T）之间的数值关系是：t（℃）=T（K）— 273.15。

第三，瓦特定义中的"产生"，按能量守恒原理，作"转化"理解。

第四，分贝定义中的"可与功率类比的量"，通常是指电流平方、电压平方、质点速度平方、声压平方、位移平方、速度平方、加速度平方、力平方、振幅平方、场强平方、声强和声能密度等。

（二）法定计量单位的使用方法

我国法定计量单位使用方法的具体内容如下。

1. 总体要点

（1）中华人民共和国法定计量单位（简称法定单位）是以国际单位制单位为基础，同时选用了一些非国际单位制的单位构成的。法定单位的使用方法以本文件为准。

（2）国际单位制是在米制基础上发展起来的单位制，国际单位制包括 SI 单位、SI 词头和 SI 单位的十进倍数与分数单位三部分。按国际上的规定，国际单位制的基本单位、辅助单位、具有专门名称的导出单位以及直接由以上单位构成的组合形式的单位（系数为 1）都称为 SI 单位。它们有主单位的含义，并构成一贯单位制。

（3）国际上规定的表示倍数和分数单位的 20 个词头，称为 SI 词头。它们用于构成 SI 单位的十进倍数和分数单位，但不得单独使用。质量的十进倍数和分数单位由 SI 词头加在"克"前构成。

（4）把法定单位名称中方括号里的字省略即成为其简称。没有方括号的名称，全称与简称相同。简称可在不至于引起混淆的场合使用。

2. 法定单位的名称

（1）组合单位的中文名称与其符号表示的顺序一致，符号中的乘号没有对应的名称，除号的对应名称为"每"字，无论分母中有几个单位，"每"字只出现一次。例如，比热容单位的符号是 $J/(kg \cdot K)$，其单位名称是"焦耳每千克开尔文"而不是"每千克开尔文焦耳"或"焦耳每千克每开尔文"。

（2）乘方形式的单位名称，其顺序应是指数名称在前、单位名称在后。相应的指数名称由数字加"次方"二字而成。例如，断面惯性矩的单位 m^4 的名称为"四次方米"。

（3）如果长度的 2 次和 3 次幂是表示面积和体积，则相应的指数名称为"平方"和"立方"，并置于长度单位之前，否则应称为"二次方"和"三次方"。例如，体积单位 dm^3 的名称是"立方分米"，而断面系数单位 m^3 的名称是"三次方米"。

（4）书写单位名称时不加任何表示乘或除的符号或其他符号。例如，电阻率单位 $\Omega \cdot m$ 的名称为"欧姆米"而不是"欧姆·米""欧姆 - 米"等，密度单位 kg/m^3 的名称为"千克每立方米"而不是"千克 / 立方米"。

3. 法定单位和词头的符号

（1）在课本和普通书刊中有必要时，可将单位的简称（包括带有词头的单位简称）

作为符号使用，这样的符号称为"中文符号"。

（2）法定单位和词头的符号，不论拉丁字母或希腊字母，一律用正体，不附省略点，且无复数形式。

（3）单位符号的字母一般用小写体，若单位名称来源于人名，则其符号的第一个字母用大写体。例如，时间单位"秒"的符号是 s，压力、压强的单位"帕斯卡"的符号是 Pa。

（4）词头符号的字母当其所表示的因数小于 10^6 时，一律用小写体，大于或等于 10^6 时用大写体。

（5）由两个以上单位相乘构成的组合单位，其符号有两种形式，分别是 N•m 和 Nm。若组合单位符号中某单位的符号同时又是某词头的符号，并有可能发生混淆时，则应尽量将它置于右侧。例如，力矩单位"牛顿米"的符号应写成 Nm，而不宜写成 mN，以免误解为"毫牛顿"。

（6）由两个以上单位相乘所构成的组合单位，其中文符号只用一种形式，即用居中圆点代表乘号。例如，动力黏度单位"帕斯卡秒"的中文符号是"帕•秒"，而不是"帕秒""[帕][秒]""[帕]•[秒]"等。

（7）由两个以上单位相除所构成的组合单位，其符号可用三种形式之一：kg/m^3、$kg•m^{-3}$、kgm^{-3}。当可能发生误解时，应尽量用居中圆点或斜线（/）的形式。例如，速度单位"米每秒"的法定符号用 $m•s^{-1}$ 或 m/s，而不宜用 m/s^{-1}，以免误解为"每毫秒"。

（8）由两个以上单位相除所构成的组合单位，其中文符号可采用两种形式之一：千克 / 米 ^{3} 或千克•米 $^{-3}$。

（9）在进行运算时，组合单位中的除号可用水平横线表示。例如，速度单位可以写成 $\dfrac{m}{s}$ 或 $\dfrac{米}{秒}$。

（10）分子无量纲而分母有量纲的组合单位，即分子为 1 的组合单位的符号，一般不用分式而用负数幂的形式。例如，波数单位的符号是 m^{-1}，一般不用 1/m。

（11）在用斜线表示相除时，单位符号的分子和分母都与斜线处于同一行内。当分母中包含两个以上单位符号时，整个分母一般应加圆括号。在一个组合单位的符号中，除加括号避免混淆外，斜线不得多于一条。例如，热导率单位的符号是 W/（K•m），而不是 W/（k•m）或 W/K/m。

（12）词头的符号和单位的符号之间不得有间隙，也不添加表示相乘的任何符号。

（13）单位和词头的符号应按其名称或者简称读音，而不得按字母读音。

（14）摄氏温度的单位"摄氏度"的符号℃，既可作为中文符号使用，也可与其他中文符号构成组合形式的单位使用。

（15）非物理量的单位（如件、台、人、元等）可用汉字与符号构成组合形式的单位。

4. 法定单位和词头的使用规则

（1）单位与词头的名称一般只适宜在叙述性文字中使用。单位和词头的符号既可在公式、数据表、曲线图、刻度盘和产品铭牌等需要简单明了表示的地方使用，也可用在叙述性文字中。应优先采用符号。

（2）单位的名称或符号必须作为一个整体使用，不得拆开。例如，摄氏温度单位"摄氏度"表示的量值应写成并读成"20 摄氏度"，不得写成并读成"摄氏 20 度"；30km/h 应该读成"30 千米每小时"。

（3）选用 SI 单位的倍数单位或分数单位，一般应使量的数值处于 0.1～1000 范围内。例如，1.2×10^4N 可以写成 12kN，0.00394m 可以写成 3.94mm，11401Pa 可以写成 11.401kPa。

某些场合习惯使用的单位可以不受上述限制。

例如，大部分机械制图使用的长度单位可以用"mm（毫米）"；导线截面积使用的面积单位可以用"mm^2（平方毫米）"。

在同一个量的数值表中或叙述同一个量的文章中，为对照方便而使用相同的单位时，数值不受限制。

词头 h、da、d、c（百、十、分、厘）一般用于某些长度、面积和体积的单位中，但根据习惯和方便也可用于其他场合。

（4）有些非法定单位，可以按习惯用 SI 词头构成倍数单位或分数单位。例如，mCi、mGal、mR 等。法定单位中的摄氏度以及非十进制的单位，如平面角单位"度""[角] 分""[角] 秒"与时间单位"分""时""日"等，不得用 SI 词头构成倍数单位或分数单位。

（5）不得使用重叠的词头。例如，应该用 nm，不应该用 mμm，应该用 am，不应该用 $\mu\mu$m。

（6）亿（10^8）、万（10^4）等是我国习惯用的数词，仍可使用，但不是词头。习惯使用的统计单位，如万公里可记为"万 km"或"10^4km"，万吨公里可记为"万 t•km"或"10^4t•km"。

（7）只是通过相乘构成的组合单位在加词头时，词头通常加在组合单位中的第一个单位之前。例如，力矩的单位 kN•m，不宜写成 N•km。

（8）只通过相除构成的组合单位或通过乘和除构成的组合单位在加词头时，词头一般应加在分子中的第一个单位之前，分母中一般不用词头。但质量的 SI 单位 kg，这里不作为有词头的单位对待。例如，摩尔内能单位 kJ/mol 不宜写成 J/mmol，比能单位可以是 J/kg。

（9）当组合单位分母是长度、面积和体积单位时，按习惯与方便，分母中可以选用词头构成倍数单位或分数单位。例如，密度的单位可以选用 g/cm^3。

（10）一般不在组合单位的分子分母中同时采用词头，但质量单位 kg 这里不作为有词头来用。例如，电场强度的单位不宜用 kV/mm，而用 MV/m，质量摩尔浓度可以用 mmol/kg。

（11）倍数单位和分数单位的指数，指包括词头在内的单位的幂。例如，$1cm^2=1(10^{-2}m)^2=1 \times 10^{-4}m^2$。

（12）在计算中，建议所有量值都采用 SI 单位表示，词头应以相应的 10 的幂代替（kg 本身是 SI 单位，故不应换成 10^3g）。

（13）将 SI 词头的部分中文名称置于单位名称的简称之前构成中文符号时，应注意避免与中文数词混淆，必要时应使用圆括号。

例如，旋转频率的量值不得写为 3 千秒 $^{-1}$。

如表示"三每千秒"，则应写为"3（千秒）$^{-1}$（此处"千"为词头）。

如表示"三千每秒"，则应写为"3 千（秒）$^{-1}$（此处"千"为数词）。

例如，体积的量值不得写为"2 千米 $^{-3}$"。

如表示"二立方千米"，则应写为"2（千米）^{3}"（此处"千"为词头）。

如表示"二千立方米"，则应写为"2 千（米）^{3}"（此处"千"为数词）。

5. 法定计量单位使用中常见的错误

为了正确使用法定计量单位，现将比较常见的错误列举如下：

(1) 把单位的名称作为物理量的名称使用。

例 1，发动机的马力是多少？马力是功率的单位，法定计量单位中不包括它，表示功率的法定计量单位为瓦特。此例错在把单位"马力"当作物理量来用。正确的提问应是：发动机的功率多大？

例 2，马力为 90 匹。匹是马的计数单位，不能用于表示功率。正确的表示方式应为：功率为 90 马力。但马力不是法定计量单位，今后对功率的表示应使用瓦特。

例 3，氧的摩尔数为 2。氧应指明是氧分子还是氧原子；摩尔是单位名称，是表示物质的量的单位，不能用摩尔数来代替物质的量，在科学技术中，"数"常指没有计量单位的纯数。正确的表达方式应为：氧分子的物质的量为 2 摩尔。

(2) 把词头当成单位使用或表示因数。例如，用 μ 作为长度单位 μm 的符号；用 μ 作为电容单位 μF 的符号；用 k 在仪表盘上或其他场合表示"$\times 10^3$"等。

(3) 错误的、非规定的单位符号。举例如下。

把电荷量单位库仑的符号写成 coul，正确的应该是 C。

把电流单位安培的符号写成 amp，正确的应该是 A。

把力的单位牛顿的符号写成 nt，正确的应该是 N。

把容积的单位立方厘米写成 c.c.，正确的应该是 cm^3。

把长度单位毫米的符号写成 m/m，正确的应该是 mm。

把质量单位克的符号写成 gr 或 gm，正确的应该是 g。

把体积单位立方米的符号写成 cum，正确的应该是 m^3。

把时间单位小时的符号写成 hr，正确的应该是 h。

（4）不恰当的单位名称。举例如下。

把容积单位升称为公升、立升。

把质量单位吨称为公吨。

把质量单位 100 克称为公两，把 10 克称为公钱。

把长度单位厘米称为公分。

把长度单位米称为公尺。

把长度单位毫米称为公厘。

把摄氏温度单位摄氏度称为百分度。

把热力学温度单位开尔文称为绝对度、开氏度。

（三）法定计量单位的优越性

我国法定计量单位完全以国际单位制为基础，因此也就具有国际单位制的所有优点，此外还具有下列两个优越性：

（1）国际性。我国法定单位以国际单位制（SI）为主要组成部分和基础，这就有利于我国与世界各国的科技、文化交流和经济贸易往来。

（2）法规性。我国法定单位以国家法令形式发布，国家采用国际单位制，国际单位制计量单位和国家选定的其他计量单位，为国家法定计量单位。这就使其具有法规性，并有利于全国普遍采用。

（四）法定计量单位的实施

目前，我国全面认真实施法定计量单位的具体要求如下。

（1）政府机关、人民团体、军队以及各企业、事业单位的公文、统计报表等，应全面正确使用法定计量单位。各级党、政领导的报告、文章中必须采用法定单位。

（2）教育部门在所有新编教材中应使用法定计量单位，必要时可对非法定计量单位予以说明。原教材在修改再版时，应改用法定单位。

（3）报纸、刊物、图书、广播、电视等部门均要按规定使用法定计量单位；国际新闻中使用我国非法定计量单位者，应以法定单位注明发表。所有再版物重新排版时，都要按法定计量单位进行统一修订。但古籍、文学书籍不在此列。翻译书刊中的计量单位，可按原著译，但要采取注释形式注明其与法定单位的换算关系。

(4) 科学研究与工程技术部门，应率先正确使用法定计量单位，凡新制定、修订的各级技术标准(包括国家标准、行业标准、地方标准及企业标准)、计量检定规程、新撰写的研究报告、学术论文以及技术情报资料等均应使用法定计量单位。必要时可允许在法定计量单位之后，将旧单位写在括弧内。凡申请各级科技奖励的项目，必须使用法定单位。在个别科学技术领域中，如有特殊需要，可使用某些非法定计量单位，但必须与有关国际组织规定的名称、符号相一致。

(5) 市场贸易必须使用法定计量单位。不准使用废除的市制单位。出口商品所用的计量单位，可根据合同使用，不受限制。合同中无计量单位规定者，则按法定计量单位使用。

(6) 农田土地面积单位，在统计工作和对外签约中一律使用规定的土地面积计量单位，即平方公里 (100 万平方米、km^2)；公顷 (1 万平方米、hm^2)；平方米 (1 平方米、m^2)。

法定单位的实施涉及各行各业、千家万户，影响到我国城乡的每一个角落，只有坚持不懈地抓紧法定单位的实施，方能改变传统习惯，形成采用法定单位的习惯。

第二章　测量误差与测量不确定度

　　测量误差与测量不确定度是计量测试的基本问题,任何计量测试都不可避免地存在着测量误差或测量不确定度。测量误差与测量不确定度在生产实践和科学研究中极为重要。测量误差和测量不确定度越小,质量越高,使用价值越高。基于此,本章主要探讨测量误差及其结果表示、测量误差的基本性质与处理、测量不确定度的评定与表示、数据处理方法与微小误差准则。

第一节　测量误差及其结果表示

一、测量误差

　　人们对自然现象的研究,不仅要进行定性的观察,还必须通过各种测量进行定量描述。由于被测量的数值形式常常不能以有限位的数来表示,而且由于人们认识能力的不足和受科学水平的限制,实验中测得的值和它的真值并不一致,这种矛盾在数值上的表现即为误差。随着科学水平的提高和人们的经验、技巧、专门知识的丰富,误差可以控制得越来越小,但不能使误差为零,误差始终存在于一切科学实验的过程中。

　　由于误差改变了事物的客观形象,而它们又必然存在,所以,我们就必须分析各类误差产生的原因及其性质,从而制定控制误差的有效措施,正确处理数据,以求得正确的结果。

　　研究实验误差,不仅能正确鉴定实验结果,还能正确地组织实验。例如,合理地设计仪器、选用仪器及选定测量方法,能以最经济的方式获得最好的效果。

　　(一) 误差的定义

　　误差表示测得值与被测量真值的差值。其中测得值指测量值、标示值、标称值、近似值等给出的非真值。真值是指在某一时刻、某一位置或某一状态某量的客观值或实标值。

严格地讲，被测量的真值永远是未知的，而只能随着科技的发展、测试方法和手段的改进以及人们认识的加深，使测得值越来越接近真值。因此，通常所说的真值，实际上是相对真值。国际计量大会所规定的计量单位值，称为计量学中的约定相对真值，或简称约定真值。

对于多次重复测量，有时亦可视测得值的平均值为相对真值。

误差的定义主要有以下4种形式。

1. 绝对误差

绝对误差 Δx 是测得值 x 与其真值 x_0 之差，即：

$$\Delta x = x - x_0 \tag{2-1}$$

它反映测得值离真值的大小。

2. 相对误差

相对误差 δx 是测得值 x 的绝对误差与其真值 x_0 之比，即：

$$\delta x = \frac{\Delta x}{x_0} \times 100\% = \frac{x - x_0}{x_0} \times 100\% \tag{2-2}$$

一般用百分数表示。

例如，用一频率计测量准确值为100kHz的频率源，测得值为101kHz，测量误差为1kHz，又用波长表测量一准确值为1MHz的标准频率源，测得值为1.001MHz，其误差也为1kHz。上面两个测量，从误差的绝对量来说是一样的，但它们是在不同频率点上进行测量的，它们的准确度是不同的。为描述测量的准确度而引入相对误差的概念。

3. 引用误差

引用误差是计量器具的绝对误差与其特定值之比，即：

$$\delta x_{\mathrm{lim}} = \frac{\Delta x}{x_{\mathrm{lim}}} \tag{2-3}$$

特定值通常是计量器具的量程或标称范围的上限。引用误差也是相对误差，一般用于连续刻度的多档仪表，特别是电气仪表。

在测量中经常使用电气仪表，电气仪表的准确度分为7级，即0.1、0.2、0.5、1.0、1.5、2.5和5.0七级，若仪表为 S 级，X_S 表示为满刻度值，则用该仪表测量时绝对误差为：

$$绝对误差 \leqslant X_S \times S\% \tag{2-4}$$

$$相对误差 \leqslant \frac{X_S}{X} \times S\% \tag{2-5}$$

故当测量值 X 越接近于 X_S 时，其测量准确度越高，相对误差越小。这就是人们利用这类仪表时，尽可能在仪表满刻度 2/3 以上量程内测量的原因。所以测量的准确度不仅取决于仪表的准确度，还取决于量程的选择。

4. 分贝误差

分贝误差 ΔD 实际上是相对误差的另一种表现形式，即：

$$\Delta D = 20\lg\left(1 + \frac{\Delta x}{x}\right) \approx 8.69\frac{\Delta x}{x} \tag{2-6a}$$

上述分贝误差是对电压而言，若对功率 P，则有：

$$\Delta D = 10\lg\left(1 + \frac{\Delta x}{x}\right) \tag{2-6b}$$

(二) 误差的来源

1. 装置误差

计量器具本身的结构、工艺、调整以及磨损、老化或故障等引起的误差称为装置误差。

(1) 标准器误差：标准器是提供标准量的器具，如标准电池、标准电阻、标准钟、砝码等，它们本身体现的量都有误差。

(2) 仪表误差：如电表、天平、游标等本身的误差。

(3) 附件误差：进行测量时所使用的辅助附件，如供电电源、连接导线等所引起的误差。

2. 方法误差

测量方法 (或理论) 不精确，特别是忽略和简化等引起的误差称为方法误差。

(1) 经验公式、函数类型选择的近似性及公式中各系数确定的近似值所引起的误差。

(2) 在推导测量结果表达式中没有得到反应，而在测量过程中实际起作用的一些因素，如漏电、热电势、引线电阻等引起的误差。

(3) 由于知识不足或研究不充分引起的误差。

3. 环境误差

由于各种环境因素 (如温度、湿度、气压、振动、照明、电磁场等) 与要求的标准状态不完全一致，及其在空间上的梯度和随时间的变化，致使测量装置和被测量本身的变化所引起的误差，称为环境误差。

4. 人员误差

测量者生理上的最小分辨力、感官的生理变化、反应速度和固有习惯所引起的误差，称为人员误差。

（三）有效数字和数字修约

1. 有效数字

若某近似数字的绝对误差值不超过该数末位的正负半个单位值时，则从其第一个不是零的数字起至最末位数的所有数字，都是有效数字。即有效数字是指实际上能测量到的数值，在该数值中只有最后一位是可疑数字，其余的均为可靠数字。它的实际意义在于有效数字能反映出测量时的准确程度，也反映了测量的相对误差。例如，米尺的最小刻度是 mm，如果测量的某个物体长度为 23.7mm，可认为这 3 个数字是客观有效的数字。

2. 有效数字的科学表达方法及注意事项

在确定有效数字位数时，特别需要指出的是数字"0"在表示实际测量结果时，它是有效数字。关于有效数字，有以下 3 个问题需要引起注意。

（1）"0"的特殊性。在一些测量结果中，往往包括若干个"0"，它算不算有效数字呢？这要具体分析。例如，0.05060 千米，其中包括了 4 个"0"。中间的"0"为准确数字，最后的"0"为可疑数或估计数，均为有效数字。而前面两个"0"，只起定位作用，不算有效数字。随着单位的变换，小数点的位置会发生相应变化。例如，0.05060km ＝ 50.60m ＝ 5060cm。

（2）推荐使用科学计数法。例如，296cm ＝ 2.96m ＝ 2960mm，前两个均为 3 位有效数字，第 3 个却为 4 位有效数字。这样的变换不符合有效数字的规则，应该为 2.96×10^3mm。这种表示方法比较科学，故称为科学计数法。科学计数法的具体要求是：整数部分只保留一位，且不能为"0"，其他数字均放在小数部分，然后乘以 10 的幂，即 $X.XX \cdots \times 10^n$（单位）。

（3）有效位数的增计。若有效数字的第一位数为 8 或 9，则有效位数可增计一位。例如 8.78，虽然只有 3 位有效数字，但第一位数字大于 7，所以运算时，可看作 4 位。

3. 测试结果与误差的有效数字

根据有效数字的定义，测试结果的有效位数，一般应取至绝对误差不大于末位数的半个单位值的那一位。因此，有效数字的位数便基本上反映了测试的精度（如测试结果有比较稳定的、更高的重复性，则必要时亦可比有效数字多取一位，以供应用时参考）。而对于实验中用到的平均绝对误差、相对误差，通常要求有效数字保留一位（可从标准偏差的标准偏差公式中得出此项要求）。

4. 有效数字的运算法则

（1）加减法。一般来说，若参与运算的数不超过 10 个，则小数位数多的数要比小数位数最少的数的位数多取一位，余者皆可舍去，最后结果的位数应与位数最少者相同。

例如，$50.6 + 7.348 \approx 57.9$，$76.57 - 4.306 \approx 72.26$。

（2）乘除法。当两个小数相乘或相除时，有效数字较多的数应比有效数字少的数多保留一位，而运算结果的位数应从第一个不是 0 的数字算起与位数少者相同。

例如，$3.1517 \times 2.11 \approx 6.65$，$37643 \div 217 \approx 173$。

（3）幂运算。结果的有效数字位数与运算前的有效数字位数相同。

例如，$\sqrt{6.25} = 2.50$。

（4）三角函数。三角函数的有效数字位数一般取 5 位。

（5）多步运算。在运算过程中，每步的结果应多保留一位有效数字，最后的结果再按照规定保留相应的有效数字位数。

5. 尾数的舍入法则

通常所用的尾数舍入法则是四舍五入。对于大量测量数据的运算来说，这样的舍入不是很合理。因为总是入的概率大于舍的概率。现在通用的是："偶舍奇入恰逢5"规则，即"尾数小于五则舍，大于五则入，等于五则把尾数凑成偶数"的法则，这种舍入法则使尾数入与舍的概率相等。

例如，1.575 取 3 位有效数字位为 1.58，12.445 取 4 位有效数字位为 12.44。

二、测量结果的表示

测量的最终结果中既要包含待测量的近似真实值 $\bar{x}$，又要包含测量结果的标准偏差 σ，还要反映出物理量的单位。因此，要写成物理含义深刻的标准表达形式，即：

$$x = \bar{x} \pm k\sigma \ (单位) \ 置信概率 \qquad (2\text{-}7)$$

式中：x —— 待测量；

$\bar{x}$ —— 测量的近似真实值；

σ —— 合成不确定度；

k —— 置信因子。

$k\sigma$ 的值一般保留一位有效数字。

直接测量时若不需要对被测量进行系统误差的修正，一般就取多次测量的算术平均值 $\bar{x}$ 作为近似真实值；若在实验中有时只需测一次或只能测一次，该次测量值就为被测量的近似真实值。如果要求对被测量进行一定系统误差的修正，通常是将一定系统误差（即绝对值和符号都确定的可估计出的误差分量）从算术平均值 $\bar{x}$ 或一次测量值中减去，从而求得被修正后的直接测量结果的近似真实值。例如，用螺旋测微器测量长度时，从被测量结果中减去螺旋测微器的零误差。在间接测量中，$\bar{x}$ 即为被测量的计算值。

在测量结果的标准表达式中，给出了一个范围 $(\bar{x}-k\sigma)\sim(\bar{x}+k\sigma)$，它表示待测量的真值在 $(\bar{x}-k\sigma)\sim(\bar{x}+k\sigma)$ 的概率置信因子所对应的置信概率，不要误认为真值一定就会落在 $(\bar{x}-k\sigma)\sim(\bar{x}+k\sigma)$ 之间。认为误差在 $-k\sigma\sim+k\sigma$ 是错误的。

第二节　测量误差的基本性质与处理

一、系统误差

(一) 系统误差的定义

系统误差是指，在同一条件下多次测量同一量时，误差的绝对值和符号保持恒定或在条件改变时，按某一确定规律变化的误差。系统误差决定测量结果的"正确性"。

实验条件一经确定，系统误差就获得一个客观上的恒定值。多次测量的平均值也不能削弱它的影响，改变实验条件或改变测量方法可以发现系统误差，可以通过修正予以消除。

(二) 系统误差的特征

系统误差的特征是它确定的规律性，这种规律性可表现为定值，如未经零点校准的仪器造成的误差；也可表现为累加，如用受热膨胀的钢尺测量长度，其显示值小于真实长度，并随待测长度成正比增加；也可表现为周期性规律，如测角仪圆形刻度盘中心与仪器转动中心不重合造成的偏心差。

系统误差的规律性在于测量条件一经确定，误差也随之确定。因此，原则上讲这类误差能够针对产生的原因进行消减或修正。对于操作者来说，系统误差的规律和其产生原因可能知道，也可能不知道，因此又可将其分为可定系统误差和未定系统误差。对于可定系统误差，可以找出修正值对测量结果加以修正；而对于未定系统误差一般难以作出修正，只能对它作出估计。

(三) 系统误差的消除

(1) 测量前设法消除有可能消除的误差源。

（2）测量过程中采用适当的实验方法，如替代法、补偿法、对称法等将系统误差消除。

1）替代法：用于被测对象处于相同条件下的已知量来替代被测量，即先将被测量接入测试回路，使系统处于某个工作状态，然后用已知量替代之，并使系统的工作状态保持不变。例如，利用电桥测量电阻、电感和电容等。

2）补偿法：通过两次不同的测量，使测得值的误差具有相反的符号，然后取平均值。例如，用正反向二次测量消除热电转换器的直流正反向差。

3）对称法：当被测量为某量（如时间）的线性函数时，在相等的时间间隔依次进行数次测量（至少3次），则其中任何一对对称观测值的累积误差的平均值皆等于两次观测的间隔中点相对应的累积误差，利用这一对称性便可将线性累积系统误差消除。例如，利用对称法来消除由于电池组的电压下降而在直流电位差计中引起的累积系统误差。事实表明，在一定的时间内，电池组的电压下降所产生的误差是与时间成正比的线性系统误差。

4）半周期偶数次观测法：每半个周期测量一次，测量偶数次求平均值，可消除周期性系统误差的影响。例如，仪表指针回转中心与圆形刻度盘中心不重合等引起的周期性系统误差。

（3）通过适当的附加手段对测量结果引入可能的修正量。例如，用高一级标准仪器进行校正，作出修正表格、公式和曲线等；采取理论分析法对实验结果进行修正。例如，单摆测量重力加速度，当超出近似范围时，带来的系统误差的修正等。

（4）通过若干人的重复测量来消除人员误差。

二、随机误差

(一) 随机误差的定义

随机误差是指，在同一条件下多次测量同一量时，误差的绝对值和符号随机变化。它的特点是随机性，没有一定规律，时大时小、时正时负，不能确定。

随机误差来源于测量方面的多种原因，如实验条件和环境的微小的无规则变化、仪器的精密程度，以及观测者的心理状态、视觉器官的分辨本领和手的灵活程度，当然不排除在观测时产生的其他偶然因素。随机误差遵从一定的统计规律，可用统计的方法处理。

由于随机误差"其特点是，在同一测量条件下多次测量同一量值时，绝对值和符号以不可预定方式变化。其性质是个体不确定，总体服从一定的规律"。[1] 因而也就无法从测量过程中予以修正或把它加以消除。但是随机误差在多次重复测量中服从统计规律，在一定条件下，可以用增加测量次数的方法加以控制，从而减小它对测量结果的影响。

在一定条件下对某一物理量进行多次测量，每次出现的观测值是一个随机事件。若各随机事件可分别用一个数值表示，则这个数值可看作随机事件的函数，称为随机变量。随机变量的取值就是各个观测值。随机变量分为连续型和离散型。例如，测量人体身高、物体长度属于连续型随机变量；而打靶时的命中数、两个骰子的点数和属于离散型随机变量。由于物理实验的观测量是随机变量，所以对测量数据的分析处理，必须应用建立在概率论和数理统计基础上的误差理论，从概率和统计的意义上来理解随机误差。下面简要地给出常见的相关概念和定义。

(二) 随机误差的相关概念

1. 总体、样本和统计量

总体亦称母体，是数理统计中的一个基本概念。通常，将全体测量或讨论的对象所组成的集合称为总体 (或母体)，将其中的对象称为个体或单元。

从总体中按一定的方式取出一部分个体所组成的集合称为样本，将样本中含有的个体数量称为样本容量或样本大小，获取样本的过程称为抽样。

对样本进行必要的加工处理和计算所得的结果称为统计量。例如，样本 $x_1, x_2, \cdots, x_n$ 的均值 $\bar{x} = \frac{1}{n}\sum_{i=1}^{n} x_i$ 是统计量，样本方差 $s^2 = \frac{1}{n-1}\sum_{i=1}^{n}(x_i - \bar{x})^2$ 也是统计量。

2. 物理量测量中常见的统计分布

实验中只能进行有限次观测，不可能对随机变量的全部取值进行研究，但必须了解各种可能取值的概率，即随机变量的概率分布。其中包括离散型和连续型随机变量的分布形式。

(1) 二项式分布 (离散型随机变量)：设随机事件 A 发生的概率为 p，不发生的概率为 $1-p$，则在 n 次独立试验中 A 发生 k 次的概率为：

$$p(k) = \frac{n!}{k!(n-k)!} p^k (1-p)^{n-k}, \qquad k = 0,1,2,\cdots,n \qquad (2\text{-}8)$$

式中：系数 $\frac{n!}{k!(n-k)!}$ 为在 n 次试验中 A 事件发生是 k 次，而 $n-k$ 次不发生的

① 麻勇. 测量误差与测量不确定度的联系 [J]. 铁道技术监督，2009，37(4)：22-23.

组合数。

$p(k)$ 的表达式恰好是二项式展开式中的一般项，所以将这个分布称为二项式分布，也称为成功次数的概率分布。通常表示为 $B(n,p)$，其中 n 和 p 称为分布参数。若离散型随机变量 A 服从二项式分布，则可表示成 $A \sim B(n,p)$，n 为有限值。一个随机变量的概率函数或概率密度函数式中的参数（称为分布参数）是表征该统计分布的特征量。

（2）泊松分布（离散型随机变量）：泊松分布是离散型随机变量的一种重要分布，适合于描述试验结果 K 是没有自然上限的非负整数 $(0,1,2,\cdots)$ 的情形。可以证明二项式分布的极限情况是泊松分布，其分布函数为：

$$p(k) = \frac{\lambda^k}{k!} e^{-\lambda} \tag{2-9}$$

式中：e——等于2.718，自然对数的底；

λ——大于零的常数，称为泊松分布参数。

泊松分布通常表示为 $P(\lambda)$，若离散型随机变量 A 服从泊松分布，则可表示成 $A \sim P(\lambda)$。在单位时间内放射源中原子核衰变的数目、单位体积内粉尘的数目等均服从泊松分布。

（3）均匀分布（连续型随机变量）：设连续型随机变量 X 在有限区间内取值，其概率密度函数为：

$$f(x) = \begin{cases} \dfrac{1}{b-a}, & a < x < b \\ 0, & 其他x值 \end{cases} \tag{2-10}$$

则称 X 在区间 (a,b) 上服从均匀分布，记作 $X \sim R(a,b)$。

均匀分布的分布函数为：

$$F(x) = \begin{cases} 0, & x \leqslant a \\ \dfrac{x-a}{x-b}, & a < x < b \\ 1, & x \geqslant b \end{cases} \tag{2-11}$$

数据处理中的数值修约误差、刻度仪表读数的读数误差、数字仪表的量化误差等都可看作服从均匀分布的随机变量，其他分布如三角分布、指数分布、反正弦分布等可查阅相关文献。

（4）正态分布（连续型随机变量）：正态分布也称为高斯分布，是连续型随机变量最常见、最重要的一种分布，在概率论和数理统计中占有非常重要的地位，其概率密度函数为：

$$f(x) = \frac{1}{\sqrt{2\pi}\sigma} e^{-\frac{(x-\mu)^2}{2\sigma^2}} \tag{2-12}$$

式中：μ ——正态分布的分布参数，对应于正态概率密度函数曲线峰值的横坐标，也是该曲线的对称轴 $x = \mu$ 通过之处，而且是随机变量 X 的数学期望值，若不存在系统误差，μ 也就是待测量的真值。

σ ——正态分布的分布参数，该曲线拐点处的横坐标与期待值之差的绝对值，称为正态分布的标准差，$\sigma(x) = \sigma$。

正态分布通常表示为 $N\left(\mu, \sigma^2\right)$。连续型随机变量 X 服从正态分布，可表示为 $X \sim N\left(\mu, \sigma^2\right)$。

若令 $x - \mu = \delta$，测量误差或残差，则式 (2-12) 变为：

$$f(\delta) = \frac{1}{\sqrt{2\pi}\sigma} e^{-\frac{\delta^2}{2\sigma^2}} \tag{2-13}$$

若令 $z = \dfrac{\delta}{\sigma}$，则式 (2-13) 变为：

$$f(z) = \frac{1}{\sqrt{2\pi}} e^{-\frac{z^2}{2}} \tag{2-14}$$

该式就是标准化的正态概率密度函数，相应的分布称为标准正态分布 $N(0,1)$。

由于 $f(x)$ 满足归一化条件，因而 σ 值小的曲线高而窄、散布小，σ 值大的则低而宽、散布大，它们各自对应着精密度高低不同的实验。

其他许多分布在极限条件下都趋近于正态分布，如泊松分布当其随机变量的期待值 λ 足够大时便趋近于正态分布，$\lambda \geqslant 10$ 的泊松分布已经很接近正态分布了。因而某些离散型随机变量在一定条件下可用正态分布来作近似描述和处理。另外，如果测量中存在着大量独立的偶然因素，且它们对测量影响的大小相差并不悬殊，则尽管每个因素单独作用产生的效果是不同和未知的，但这些因素共同作用的综合效果是使测量服从正态分布的统计规律，因此测量的随机误差通常可按正态分布处理（中心极限定律）。当系统误差不存在时，只要给出了正态分布函数的参数 μ、σ 的数值，随机变量的分布就完全确定了。由以上两点可见，在误差理论中正态分布是最重要的统计分布。

3. 抽样分布

总体中含有很多个体，究竟会取出哪些个体，需随机而定，故样本是随机变量。既然样本是随机变量，自然也就有概率分布。通常将样本的概率分布简称为样本分布。

由于统计量是从随机变量（样本）而来，所以它也是随机变量，当然也就有一定的概率分布，通常称其为统计量的抽样分布。于是，建立在样本基础上的统计量，便可利用概率论来进行研究，这也正是数理统计与概率论的有机结合。下面介绍4种常用的从正态总体中得到的抽样分布。

(1) 样本均值的分布。设 $X \sim N\left(\mu,\sigma^2\right)$，$X_1,X_2,\cdots,X_n$ 为其一个样本，则对统计量 $\bar{X}$ 有：

$$E(\bar{X}) = \mu \tag{2-15}$$

$$D(\bar{X}) = \frac{\sigma^2}{n} \tag{2-16}$$

且

$$\bar{X} \sim N\left(\mu,\sigma^2 / n\right) \tag{2-17}$$

即 $\dfrac{\bar{X} - \mu}{\sigma / \sqrt{n}}$ 为归一化的样本均值。

(2) χ^2 分布。χ^2 分布是一个统计量的分布，是由标准正态分布引出的一种重要分布。

设 $X \sim N(0,1)$，$X_1,X_2,X_3,\cdots,X_n$ 为其一个样本，它们的平方和记作 χ^2，即

$$\chi^2 = X_1^2 + X_2^2 + \cdots + X_n^2 \tag{2-18}$$

则称此统计量所服从的分布为自由度为 n 的 χ^2 分布，记作 $\chi^2 \sim \chi^2(n)$，其概率密度函数为：

$$f(y) = \begin{cases} \dfrac{1}{2^{n/2}\Gamma\left(\dfrac{n}{2}\right)} y^{[(n/2)-1]} \exp\left(-\dfrac{y}{2}\right), & y \geqslant 0 \\ 0, & y < 0 \end{cases} \tag{2-19}$$

其中 $\Gamma(\alpha)$ 为伽马函数，有：

$$\Gamma(\alpha) = \int_0^\infty x^{(\alpha-1)} \exp(-x)\mathrm{d}x, \qquad \alpha > 0 \tag{2-20}$$

式 (2-19) 中，n 是样本容量，作为分布的参数此值称为 χ^2 分布的自由度，为避免与样本数（容量）相混淆，改记作 ν，自由度可理解为表示平方和中独立变量的个数。χ^2 分布中有 n 个独立的随机变量的平方和，因此 χ^2 的自由度为 n（样本容量）。

对于 n 个变量 $x_1 - \bar{x}, x_2 - \bar{x}, \cdots, x_n - \bar{x}$ 之间存在唯一的线性约束条件：

$$\sum_{i=1}^n \left(x_i - \bar{x}\right) = \sum_{i=1}^n x_i - n\bar{x} = 0 \tag{2-21}$$

因此，平方和 $(n-1)s^2 = \sum_{n=1}^{n}(x_i - \bar{x})^2 \left(\text{或} \frac{1}{n-1} \sum (x_i - \bar{x}) = s^2 \right)$ 中独立变量个数有 $n-1$ 个，即 $\nu = n-1 \neq n$。

对给定的正数 $\alpha(0 < \alpha < 1)$，满足条件：

$$P\left\{ \chi^2 < \chi_\alpha^2(\nu) \right\} = \alpha \tag{2-22}$$

点 $\chi_\alpha^2(\nu)$ 称为 $\chi^2(\nu)$ 的上 100α 百分位点。

x^2 分布常用于随机变量区间的估计。从测量误差来看，就是对测量数据的极限误差的估计。

(3) t 分布。也称学生氏分布，是由标准正态分布引出的一种重要分布。

设随机变量 X 与 Y 相互独立，且 $X \sim N(0,1), Y \sim \chi^2(\nu)$，则有随机变量：

$$t = \frac{X}{\sqrt{Y/\nu}} \tag{2-23}$$

服从自由度为 ν 的 t 分布，记作 $t \sim t(\nu)$，其概率密度函数为：

$$f(t) = \frac{\Gamma\left(\frac{\nu+1}{2}\right)}{\sqrt{\nu\pi}\ \Gamma\left(\frac{\nu}{2}\right)} \left(1 + \frac{t^2}{\nu}\right)^{-(\nu+1)/2}, \quad -\infty < t < +\infty \tag{2-24}$$

不难看出，当 $\nu \to \infty$ 时，$t(\nu) \to N(0,1)$ 作为极限，故标准正态分布称为自由度为无穷大的 t 分布。t 分布在研究小样本或有限次测量问题时，是一种严密而有效的分布形式，常用于随机误差极限的估算。

(4) F 分布。F 分布也是一种与正态分布密切相关的统计量的分布。

设 $U \sim \chi^2(\nu_1), V \sim \chi^2(\nu_2)$，且 U 和 V 相互独立，则构成的统计量为：

$$F = \frac{U/\nu_1}{V/\nu_2} \tag{2-25}$$

服从自由度为 $(\nu_1 + \nu_2)$ 的 F 分布，记作 $F \sim F(\nu_1, \nu_2)$，其表达式为：

$$f(y) = \begin{cases} \dfrac{\Gamma\left(\dfrac{\nu_1+\nu_2}{2}\right)}{\Gamma\left(\dfrac{\nu_1}{2}\right)\Gamma\left(\dfrac{\nu_2}{2}\right)} \cdot \dfrac{\nu_1}{\nu_2}\left(\dfrac{\nu_1}{\nu_2}y\right)^{(\nu_1/2)-1}\left(1 + \dfrac{\nu_1}{\nu_2}y\right)^{-(\nu_1+\nu_2)/2}, & y > 0 \\ 0, & y < 0 \end{cases} \tag{2-26}$$

F 分布可用于方差分析、曲线拟合以及检验两组测量的精度是否相同等。

(三) 随机变量的数字表征

用概率分布函数和概率密度函数可以准确而全面地描述随机变量的分布情况。但是在许多实际问题中,往往只需要知道随机变量可能取值的平均数和取值分散的程度等特征,即可明确随机变量的性质。下面仅介绍最常用的两种数字特征量: 数学期望和方差。

1. 数学期望 (均值)

数学期望表征随机变量分布的平均值。

设 X 为离散型随机变量,它的取值为 $x_1, x_2, \cdots x_n$,对应的概率分布函数为 $p_1, p_2, \cdots, p_n$。则 X 的数学期望定义为:

$$E(X) = \sum_{i=1}^{n} x_i p_i \tag{2-27}$$

因为 $\sum_{i=1}^{n} p_i = 1$,所以 $E(X)$ 实际上是 x 的加权平均。数学期望 $E(X)$ 是一个数,它反映了 x 取值的平均水平或位置特征。

对于连续型随机变量,如果其概率密度函数为 $f(x)$,那么取值为 $(x, x + \Delta x)$ 的概率为 $f(x)\mathrm{d}x$,因此连续型随机变量的数学期望值为:

$$E(X) = \int_{-\infty}^{\infty} x f(x)\mathrm{d}x \tag{2-28}$$

对于一组随机变量 $X_i (i = 1, 2, \cdots, n)$ 的数学期望,有如下性质:

$$E\left(\sum_{i=1}^{n} X_i\right) = \sum_{i=1}^{n} E(X_i) \tag{2-29}$$

2. 方差

方差表征随机变量对其数学期望的离散程度。方差值越小,随机变量的值在其数学期望值左右分布越集中,由此表明数学期望 $E(X)$ 越能代表 X 取值的平均水平。

对离散型随机变量 X,其方差定义为:

$$D(X) = \sum_{k} [x_k - E(X)]^2 p_k \tag{2-30}$$

对连续型随机变量 X,其方差定义为:

$$D(X) = \int_{-\infty}^{+\infty} [x - E(X)]^2 f(x)\mathrm{d}x \tag{2-31}$$

可以证明:

$$D(X) = E(X^2) - [E(X)]^2 \tag{2-32}$$

以上是当随机变量的取值和分布函数已知时，求取 $E(X)$ 和 $D(X)$ 的方法。但是有些情况下随机变量的分布并不知道，而只有 N 次取样的观测数据，这时数学期望和方差值常用样本平均值 $\bar{x}$ 与样本方差 s^2 来作近似代替。这些量的计算式为：

$$s^2 = \frac{1}{N-1}\sum\left(x_i - \bar{x}\right) \tag{2-33}$$

$$\bar{x} = \frac{1}{N}\sum_{i=1}^{N}x_i \tag{2-34}$$

（四）置信区间、置信因子、置信概率、显著水平

概率积分的上下限所包含的区间称为概率区间，而随机变量落在其中的区间则称为置信区间。例如，区间界限为 $-\varepsilon$ 和 ε 的正态分布 $[N(0,\sigma)]$ 的随机变量 δ 的概率为：

$$P(-\varepsilon < \delta < \varepsilon) = \frac{1}{\sigma\sqrt{2\pi}}\int_{-\varepsilon}^{\varepsilon}\mathrm{e}^{\frac{\delta^2}{2\sigma^2}}\mathrm{d}\delta \tag{2-35}$$

δ 出现的区间 $\pm\varepsilon$ 与标准差 σ 的关系可表示为：

$$\varepsilon = k\sigma \tag{2-36}$$

即随机变量出现的概率区间极限 ε 可取为标准差的 k 倍。

若令随机变量 δ 出现的概率为 $P(-\varepsilon < \delta < \varepsilon) = 1-\alpha$，则概率 P（或 $1-\alpha$）称为置信概率、置信水平或置信度。显然 α 便是随机变量 δ 超出区间界限 $\pm\varepsilon$（或 $\pm k\sigma$）的概率，通常称为超差概率、显著水平或显著度。区间 $(-\varepsilon,\varepsilon)$ 或 $(-k\sigma,k\sigma)$ 称为置信区间或置信限，k 称为置信因子。

（五）随机误差的基本性质

事实表明，大量的观测结果皆服从正态分布。服从正态分布的随机误差具有下列基本性质。

（1）有界性：对于已知分布的一系列观测结果，具有给定概率 P 的随机误差的绝对值不超出一定的范围。

（2）对称性：当测量次数足够多时，正误差和负误差的绝对值相等，概率相等，即：

$$P(+\delta) = P(-\delta) = 1/2 \tag{2-37}$$

（3）单峰性：在一系列等精度测量中，绝对值小的误差比绝对值大的误差出现的机会多。

（4）抵偿性：可观测次数无限增加时，误差的算术平均值的极限为零，即：

$$\lim_{n \to \infty} \frac{\sum_{i=1}^{n} \delta_i}{n} = 0 \tag{2-38}$$

应该说明，上述性质是大量实验的统计结果，其中的单峰性不一定对所有的随机误差都存在。随机误差的主要特性是抵偿性。

（六）随机误差的表示方式

假定在没有系统误差存在的情况下来讨论多次测量结果的随机误差估计。

1. 算术平均值

对某一物理量 x 进行 n 次等精度测量，测量到的算术平均值 $\bar{x} = \sum_{i=1}^{n} x_i / n$，它是真值 x 的最佳估计值，一般以 $\bar{x}$ 代表该物理量的测量结果。

2. 测量到的平均绝对误差

把它定义为各次测量误差的绝对值的平均值，即：

$$\eta = \frac{\sum_{i=1}^{n} |x_i - \mu|}{n} \tag{2-39}$$

由于 μ 是未知的，所以 $x_i - \mu$ 是无法计算的，实际测量中只能获得算术平均值 $\bar{x}$ 以及各测量值 x_i 与 $\bar{x}$ 的差值 v_i（偏差），可用偏差 v_i 来估算平均绝对误差，即：

$$\eta = \frac{\sum_{i=1}^{n} |v_i|}{n} \tag{2-40}$$

测量列中任一观测值落到 $\mu - \eta$ 到 $\mu + \eta$ 之间的概率是：

$$P(\mu - \eta < x < \mu + \eta) = \int_{\mu-\eta}^{\mu+\eta} f(x)\mathrm{d}x = 57.5\%$$

3. 测量列中单次测量的标准偏差

设在同一情况下对物理量 x 进行了 n 次等精度测量，为了评价这组数据的可靠性和表征这组数据的离散性，引入标准误差：

$$\sigma = \sqrt{\frac{\sum_{i=1}^{n} (x_i - \mu)^2}{n}} \tag{2-41}$$

实际测量中，测量次数不可能无限多，真值也是未知的，标准偏差无法从上述定义式求得。对有限次测量，应按贝塞尔公式估算标准偏差：

$$\sigma = \sqrt{\frac{\sum\limits_{i=1}^{n}(x_i - \overline{x})^2}{n-1}} = \sqrt{\frac{\sum\limits_{i=1}^{n}v_i^2}{n-1}} \tag{2-42}$$

式中：$v_i = x_i - \overline{x}$。

可以证明，当测量次数 $n \to \infty$ 时，贝塞尔公式与测量列的标准误差定义式是一致的。σ 标志随机变量围绕期待值分布的离散程度，即随机变量的取值偏离期待值起伏的大小。若一组数据的 σ 值小，则各测量值的离散性小，即数据集中，重复性好，因而测量的精密度高，这组数据可靠性强。σ 具有统计意义，它不是某一具体的测量误差值，而是反映了在相同条件下测量某一物理量随机误差的概率分布情况。可计算出测量列中任一观测值 x 落在区间 $(\mu - k\sigma, \mu + k\sigma)$ 的概率。

测量列的平均绝对误差 η 与标准偏差 σ 的关系为：

$$\eta = 0.798\sigma \approx 4\sigma/5 \tag{2-43}$$

4. 测量列算术平均值的标准误差

测量列 $x_1, x_2, \cdots, x_n$ 的算术平均值 $\overline{x}$ 也是一个随机变量，显然 $\overline{x}$ 是 $x_1, x_2, \cdots, x_n$ 的函数，$\overline{x}$ 的可靠程度以 $\overline{x}$ 的标准误差 $\sigma_{\overline{x}}$ 来估计。对于等精度测量，由于各测量值的标准误差 σ_x 相同，则有：

$$\sigma_{\overline{x}} = \frac{\sigma_x}{\sqrt{n}} \tag{2-44}$$

$\overline{x}$ 是真值的最佳估计值，多次测量取平均值减小了随机误差的影响，因而测量列平均值的标准误差 $\sigma_{\overline{x}}$ 小于测量列单次测量的标准误差 σ_x，$\overline{x}$ 比测量列中任一测量值的可靠程度都高。适当增加测量次数 n 有利于提高精密度。

$\sigma_{\overline{x}}$ 随 n 的增大而减小，并且开始较快，逐渐变慢，当 $n = 5$ 时已较慢，当 $n > 10$ 时则更慢，而且增加测量次数，必然会延长测量时间，不易保持稳定不变的测量条件，观测者因疲劳可能产生更大的观测误差。因此一般实验中测量次数不必太多，通常取 10 次左右即可。

5. 或然误差

在一系列测量中，测得值的误差在 $-\gamma \to 0$ 之间的次数与在 $0 \to \gamma$ 之间的次数相等，即：

$$P(|\delta| \leqslant \gamma) = \frac{1}{2} \tag{2-45}$$

式中：γ 称为或然误差。

根据定义，或然误差的求法是：将一系列 n 个测得值的残差分别取绝对值按大小依次排列，如 n 是奇数则取中间值，如 n 为偶数则取最靠近中间的两者的平均值，

故 γ 也称为中值误差。

可证明：

$$\gamma = 0.6745\sigma \tag{2-46}$$

6. 极限误差

随机误差的出现服从正态分布规律，绝对值小的误差比绝对值大的误差出现的概率大，且绝对值非常大的误差出现的概率趋于 0，因而总可以找到这样一个误差限，测量列中单次测量值的误差超过该界限的概率小到可以忽略不计。测量列中任一次测量的随机误差落到 $(-3\sigma, +3\sigma)$ 区间的概率为：

$$P(\mu - 3\sigma < \delta < \mu + 3\sigma) = \frac{1}{\sqrt{2\pi}\sigma}\int_{\mu-3\sigma}^{\mu+3\sigma} e^{\frac{(x-\mu)^2}{2\sigma^2}} \mathrm{d}x = 99.7\%$$

落到该区间外的概率极小，仅为 0.3%，因此定义为极限误差。

（七）非等精度测量的随机误差表示

对同一物理量进行非等精度测量，各个结果的精度不同，应区别对待，对精度较高的结果应给予较高的信赖，使它在求平均值时占有较大的比重。为此引入权的概念，用数值来表示对测量结果的信赖程度，以决定不同精度的测量结果对平均值贡献的大小。定义权与方差成反比，第 i 次测量结果的权为 $W_i = k / \sigma_i^2$，为简便，可选择系数 k 使其中最小的权取值为 1，设单位权的方差为 σ_0^2，则方差为 σ_i^2 的权定义为 $W_i = \sigma_0^2 / \sigma_i^2$。设对某物理量进行非等精度测量，各组测量结果分别为 $\bar{x}_1, \bar{x}_2, \cdots, \bar{x}_n$，相应的权分别为 $W_1, W_2, \cdots, W_n$，可证明加权算术平均值 $\bar{X}_W$ 就是该物理量的最佳值，即：

$$\bar{X}_W = \sum_{i=1}^{n} \bar{x}_i W_i \Big/ \sum_{i=1}^{n} W_i \tag{2-47}$$

根据式（2-47），精度越高（对应的 σ_i 越小）的观测结果对 $\bar{X}_W$ 的贡献越大。等精度测量中，$W_1 = W_2 = \cdots = W_n$，则 $X_W = \bar{X}$。

加权算术平均值的标准偏差是：

$$\sigma_{\bar{X}_W} = \sqrt{\frac{\sum_{i=1}^{n} W_i v_i^2}{(n-1)\sum_{i=1}^{n} W_i}} \tag{2-48}$$

式中：$v_i = \bar{x}_i - \bar{x}_w$。

三、粗大误差

粗大误差是指明显不正确测量结果的误差。这是由于测量者在测量和计算中方法不合理、粗心大意、记错数据等所引起的误差。

产生粗大误差的主要原因如下。

（1）客观原因：电压突变、机械冲击、外界震动、电磁（静电）干扰、仪器故障等引起了测试仪器的测量值异常或被测物品的位置相对移动。

（2）主观原因：使用了有缺陷的量具，操作时疏忽大意，读数、记录、计算有误等。

另外，环境条件的反常突变也是产生这些误差的原因。

粗大误差不具有抵偿性，它存在于一切科学实验中，不能被彻底消除，只能在一定程度上降低。它是异常值，严重歪曲了实际情况，所以在处理数据时应将其剔除，否则将对标准差、平均差产生严重的影响。

对粗大误差，必须随时或在进行数据处理时予以鉴别，并将相应的数据剔除。实验之后则采用统计学的判断法，如利用 3σ 准则和格拉布斯准则来检验有无坏数据。测量列中的随机误差落在 $(-3\sigma, +3\sigma)$ 区间外的概率仅为 0.3%，换句话说，若出现误差的绝对值大于 3σ 的数据，有 99.7% 的可能是错误的。3σ 准则以极限误差作为鉴别值判断测量数据的好坏，以决定数据的取舍。规定：把偏差的绝对值大于 3σ 者视为坏数据，加以剔除。对其余测量数据重新求出平均值、偏差和标准误差，再次检验有无不满足 $|\delta_i| < 3\sigma$ 的测量值，若有还要再次剔除，直至所有数据均满足要求为止。3σ 准则的前提是要求测量次数 n 趋近于无穷大，它的适用条件是测量次数必须大于 10，否则此准则无效。

消除粗大误差的根本办法是对工作认真负责，切实保证计量器具的计量性能和所要求的环境条件，严格执行检测规程和操作规范，以及具备熟练的计量测试技能等。

第三节　测量不确定度的评定与表示

测量的目的是不但要测量待测物理量的近似值，而且要对近似真实值的可靠性作出评定（即指出误差范围），这就要求我们还必须掌握不确定度的有关概念。下面将结合对测量结果的评定来讨论不确定度的概念、分类、合成等问题。

一、测量不确定度的含义

测量不确定度是测量结果所含有的一个参数，是表征被测量的真值所处的量值范围的评定，是对测量结果受测量误差影响不确定程度的科学描述。具体地说，不确定度定量地表示了随机误差和未定系统误差的综合分布范围，它可以近似地理解为一定置信概率下的误差限值。该参数可以是标准差或标准差的倍数，也可以是置信区间的半宽度。

不确定度是"误差可能数值的测量程度"，表征所得测量结果代表被测量的程度。也就是因测量误差存在而对被测量不能肯定的程度，因而是测量质量的表征，用不确定度可以对测量数据作出比较合理的评定。对一个科学实验的具体数据来说，不确定度是指测量值（近真值）附近的一个范围，测量值与真值之差（误差）可能落于其中。不确定度小，测量结果可信赖程度高；不确定度大，测量结果可信赖程度低。

"在各种测量领域经常用测量误差、测量不确定度等术语来表示测量结果质量的好坏，测量误差和测量不确定度密切相连，它们都是由测量过程不完善性因素所引起的"。[1] 在实验和测量工作中，"不确定度"一词近似于不确知、不明确、不可靠、有质疑，是作为估计而言的。因为误差是未知的，不可能用指出误差的方法去说明可信赖程度，而只能用误差的某种可能的数值去说明可信赖程度，所以不确定度更能表示测量结果的性质和测量的质量。用不确定度评定实验结果的误差，其中包含了各种来源的误差对结果的影响，而它们的计算又反映了这些误差所符合的分布规律，这更准确地表述了测量结果的可靠程度，因而有必要采用不确定度的概念。

二、测量不确定度的分类

科学实验中的不确定度，一般主要来源于测量方法、测量人员、环境波动、测量对象变化等。计算不确定度是将可修正的系统误差修正后，将各种来源的误差按计算方法分为两类，即用统计方法计算的 A 类不确定度和用非统计方法计算的 B 类不确定度。

A 类统计不确定度，是指可以采用统计方法（具有随机误差性质）计算的不确定度，如测量读数具有分散性、测量时受温度波动影响等。这类统计不确定度通常认为它是服从正态分布规律的，因此可以像计算标准偏差那样，用贝塞尔公式计算被测量的 A 类不确定度。通常，若对随机变量 X 在相同的条件下进行 n 次独立观测，则 X 的期望的最佳估计是所有观测值 x_i 的算术平均值 $\bar{x}$，则 A 类不确定度 $S_{\bar{x}}$ 为合成不确定度为 A 类不确定度和 B 类不确定度的平方和的正平方根，即：

[1] 荆大永 . 关于测量误差和测量不确定度的分析比较 [J]. 工业计量，2006(02)：51-53.

$$\sigma = \sqrt{S_x^2 + \sigma_B^2} \tag{2-49}$$

三、直接测量的不确定度

在对直接测量的不确定度的合成问题中，对 A 类不确定度主要讨论在多次等精度测量条件下，读数分散对应的不确定度，并且用贝塞尔公式计算 A 类不确定度。对 B 类不确定度，主要讨论仪器不准确对应的不确定度，将测量结果写成标准形式。因此，实验结果的获得，应包括待测量近似真实值的确定，A、B 两类不确定度以及合成不确定度的计算。增加重复测量次数对于减小平均值的标准误差，提高测量的精密度有利。但是应注意，当次数增大时，平均值的标准误差减小就会逐渐缓慢，当次数大于 10 时平均值的减小便不明显了。通常取测量次数为 5 ~ 10 为宜。

当有些不确定度分量的数值很小时，相对而言可以忽略不计。在计算合成不确定度中求方和根时，若某一平方值小于另一平方值的 1/9，则这一项就可以略去不计。这一结论叫作微小误差准则。在进行数据处理时，利用微小误差准则可减少不必要的计算。不确定度的计算结果一般应保留一位有效数字，多余的位数按有效数字的修约原则进行取舍。评价测量结果，有时候需要引入相对不确定度的概念。相对不确定度定义为：

$$E_\sigma = \frac{\sigma}{\overline{x}} \times 100\% \tag{2-50}$$

式中：E_σ 的结果一般应取两位有效数字。

四、间接测量结果的合成不确定度

间接测量的近似真实值和合成不确定度是由直接测量结果通过函数式计算出来的，既然直接测量有误差，那么间接测量也必有误差，这就是误差的传递。由直接测量值及其误差来计算间接测量值的误差之间的关系式称为误差的传递公式。

设间接测量的函数式为 $Y = f(X_1, X_2, \cdots, X_N)$，其估计值 $y = f(x_1, x_2, \cdots, x_n)$ 的总不确定度由输入值的估计值 $x_1, x_2, \cdots, x_n$ 的各个不确定度所合成，则合成方差 $u_c^2(y)$ 的近似表达式为：

$$u_c^2(y) = \sum_{i=1}^{N} \left(\frac{\partial f}{\partial x_i} \right)^2 u^2(x_i) + 2 \sum_{i=1}^{N-1} \sum_{j=i+1}^{N} \frac{\partial f}{\partial x_i} \frac{\partial f}{\partial x_j} u(x_i, x_j) \tag{2-51}$$

式中：x_i，x_j —— X_i，X_j 的估计值；

$u^2(x_i)$ —— x_i 的方差；

$u(x_i, x_j) = u(x_j, x_i)$ —— x_i 和 x_j 的估计协方差。

x_i 和 x_j 之间的相关程度，可用估计的相关系数 $\rho\left(x_i, x_j\right)$ 来表征，即：

$$\rho\left(x_i, x_j\right) = \frac{u\left(x_i, x_j\right)}{u\left(x_i\right)u\left(x_j\right)} \tag{2-52}$$

式中： $\rho\left(x_i, x_j\right) = \rho\left(x_j, x_i\right)$ ，且 $-1 \leqslant \rho\left(x_i, x_j\right) \leqslant 1$ 。

若 x_i 和 x_j 相互独立，即 $\rho\left(x_i, x_j\right) = 0$ ；则 y 的估计合成的方差为：

$$u_c^2(y) = \sum_{i=1}^{N}\left(\frac{\partial f}{\partial x_i}\right)^2 u^2\left(x_i\right) \tag{2-53}$$

则标准差为：

$$u_c(y) = \sqrt{\sum_{i=1}^{N}\left(\frac{\partial f}{\partial x_i}\right)^2 u^2\left(x_i\right)} \tag{2-54}$$

式（2-54）表明，间接测量的函数式确定后，测出它所包含的直接观测量的结果，将各个直接观测量的不确定度 $u\left(x_i\right)$ 乘以函数对各变量（直测量）的偏导数 $\frac{\partial f}{\partial x_i}u\left(x_i\right)$ ，求方和根，即 $\sqrt{\sum_{i=1}^{k}\left(\frac{\partial f}{\partial x_i}u\left(x_i\right)\right)^2}$ 就是间接测量结果的不确定度。

当间接测量的函数表达式为积和商（或含和差的积商形式）的形式时，为了使运算简便起见，可以先将函数式两边同时取自然对数，然后再求全微分，即：

$$\frac{dy}{y} = \frac{\partial \ln f}{\partial x_1}dx_1 + \frac{\partial \ln f}{\partial x_2}dx_2 + \cdots + \frac{\partial \ln f}{\partial x_n}dx_n \tag{2-55}$$

同样改写微分符号为不确定度符号，再求其方和根，即为间接测量的相对不确定度 $u_{rel}(y)$ ，即：

$$u_{rel}(y) = \frac{u_c(y)}{y} = \sqrt{\left(\frac{\partial \ln f}{\partial x_1}u_c\left(x_1\right)\right)^2 + \left(\frac{\partial \ln f}{\partial x_2}u_c\left(x_2\right)\right)^2 + \cdots + \left(\frac{\partial \ln f}{\partial x_n}u_c\left(x_n\right)\right)^2} \tag{2-56}$$

$$= \sqrt{\sum_{i=1}^{n}\left(\frac{\partial \ln f}{\partial x_i}u_c\left(x_i\right)\right)^2}$$

由式（2-56）可以求出合成不确定度为：

$$u_c(y) = y u_{rel}(y) \tag{2-57}$$

这样计算间接测量的统计不确定度时，特别是在函数表达式很复杂的情况下，尤其能显示出它的优越性。今后在计算间接测量的不确定度时，对函数表达式仅为和差形式，可以直接利用式（2-54）求出间接测量的合成不确定度 $u_c(y)$ ，若函数表达式为积和商（或积商和差混合）等较为复杂的形式，可直接采用式（2-56），先求出相对不确定度，再求出合成不确定度 $u_c(y)$。

间接测量结果的误差，常用两种方法来估计：算术合成（最大误差法）和几何合成（标准误差）。误差的算术合成将各误差取绝对值相加，是从最不利的情况考虑，误差合成的结果是间接测量的最大误差，因此是比较粗略的，但计算较为简单，它常用于误差分析、实验设计或粗略的误差计算中。采用几何合成的方法，虽然计算较麻烦，但误差的几何合成较为合理。

五、扩展（范围、展伸）不确定度

为满足工业、商业、卫生、安全以及法制等领域的相关要求，可将合成不确定度 u_c 乘以置信（包含、范围）因子 k，以给测量结果一个较高置信水平的置信区间，从而得到扩展（范围、展伸）不确定度 U，即：

$$U = ku_c \qquad (2-58)$$

这里并没有提供任何新的信息，而只是给出了一个较高置信水平的置信区间。置信（包含、范围）因子 k，对于正态分布，通常取为 $2 \sim 3$，相应的置信水平为 $0.95 \sim 0.99$。

六、不确定度的报告

当报告测得值及其不确定度时，应提供较多的信息，比如：①阐明由实验的观测值和输入数据计算测得值及其不确定度的方法；②列出所有不确定度分量并充分说明它们的评定方法；③给出数据分析方法，以使其每个重要步骤易于效仿，必要时能单独重复计算报告结果；④给出分析处理中使用的全部修正量、常数及其来源。

当不确定度以合成标准不确定度 u_c 来表述时，测量结果可选用下列形式之一（为便于表述，设被报告的量值是标称值为 10g 的标准砝码，其合成不确定度 $u_c = 0.35mg$）。

（1）$m_s = 100.02147g$，$u_c = 0.35mg$。

（2）$m_s = 100.02147g(35)mg$，其中括号中的数字便是合成不确定度的数值，与所述测得值的最后位数相应。

（3）$m_s = 100.02147(0.00035)g$。

（4）$m_s = (100.02147 \pm 0.00035)g$，其中 ± 号后的数字是合成不确定度的数值，而不是置信区间。

必要时，可给出相对合成不确定度，即：

$$\frac{u_c}{|y|}, \qquad |y| \neq 0 \tag{2-59}$$

式中：y 为所获得的被测量 Y 的最佳估计值。

当不确定度以扩展（范围）不确定度 $U = k u_c$ 表述时，必须注明 k 的数值。例如，上例中的 $u_c = 0.35mg$。若取 $k = 2.26$，自由度 $\nu = 9$，则 $U = 0.79mg$。于是，测量结果可写为：

$$m_s = (0.02147 \pm 0.00079)g, \qquad k = 2.26$$

式中：$\pm$ 号后面的数字便是 U，即由其定义的置信区间的所相应的置信水平约为 0.95。必要时，可给出相对扩展（范围）不确定度，即：

$$\frac{U}{|y|}, \qquad |y| \neq 0 \tag{2-60}$$

式中：y 为所获得的被测量 Y 的最佳估计值。

在报告测量结果时，不确定度的数值要取得适当，最多只能取两位有效数字。当然，在进行数据处理的过程（中间运算环节）中，为避免引入舍入误差，可适当保留多余的位数。至于测得值的有效位数，应与其不确定度数值的有效位数相适应。

第四节　数据处理方法与微小误差准则

一、数据处理方法

（一）使用算术平均值处理

设对某量 x 的一系列等精度测量的测得值为 $x_1, x_2, \cdots, x_n$，则该测量列的算术平均值为：

$$\bar{x} = \frac{1}{n} \sum_{i=1}^{n} x_i \tag{2-61}$$

设被测量的真值为 x_0，各测得值 x_i 与 x_0 偏差皆为随机误差。

将上列各误差相加并除以测量次数 n，则有：

$$\frac{1}{n} \sum_{i=1}^{n} (x_i - x_0) = \bar{x} - x_0 \tag{2-62}$$

根据随机误差的基本性质，当测量次数 n 足够大时，误差的算术平均值的极限为零，即：

$$\frac{1}{n}\sum_{i=1}^{n}(x_i - x_0) \to 0 \tag{2-63}$$

于是由式（2-62）和式（2-63）可得：

$$\overline{x} \to x_0 \tag{2-64}$$

即当测量次数 n 足够大时，测得值的算术平均值趋近真值，并且 n 越大，算术平均值越趋近于真值。

(二) 使用最小二乘法原理处理

最小二乘法是对测量数据进行处理的重要方法。下面仅对该方法的基本原理略加阐述。

在等精度测量的测得值中，最佳值是使所有测得值的误差（残差）的平方和最小的值，这就是最小二乘法的基本原理。

设对某量 x 的一系列等精度测量的测得值为 $x_1, x_2, \cdots, x_n$，其最佳值为 a；并设测量误差均为随机误差，且服从正态分布。于是误差 $x_i - a$ 在微分子区间 $\mathrm{d}x_i$ 中出现的概率为：

$$P_i = \frac{1}{\sqrt{2\pi}\sigma}\mathrm{e}^{-\frac{(x_i-a)^2}{2\sigma^2}}\mathrm{d}x_i, \qquad i = 1, 2, \cdots, n \tag{2-65}$$

式中：$x_1, x_2, \cdots, x_n$ 设定彼此相互独立，故它们同时出现的概率为：

$$\begin{aligned} P &= \prod_{i=1}^{n}P_i = \prod_{i=1}^{n}\frac{1}{\sqrt{2\pi}\sigma}\mathrm{e}^{-\frac{(x_i-a)^2}{2\sigma^2}}\mathrm{d}x_i \\ &= \left(\frac{1}{\sqrt{2\pi}\sigma}\right)^n \mathrm{e}^{-\frac{\sum_{i=1}^{n}(x_i-a)^2}{2\sigma^2}}\mathrm{d}x_1\mathrm{d}x_2\cdots\mathrm{d}x_n \end{aligned} \tag{2-66}$$

根据随机误差的基本性质，对于正态分布，在一系列等精度测量中，绝对值小的误差比绝对值大的误差出现的机会多。也就是说，概率最大时的误差最小，即相应的值为最佳值或最可信赖值。

由式（2-66）可知，当：

$$\sum_{i=1}^{n}(x_i - a)^2 = Q \tag{2-67}$$

为最小时，P 有最大值。从上式可以看出，Q 有最小值的条件是：

$$\frac{\mathrm{d}Q}{\mathrm{d}a} = -2(x_1 - a) - 2(x_2 - a) - \cdots - 2(x_n - a) = 0$$

于是有：

$$a = \frac{1}{n} \sum_{i=1}^{n} x_i \qquad (2-68)$$

可见，对于等精度测量来讲，它们的算术平均值是最佳值或最可信赖值，各测得值与算术平均值偏差的平方和最小。

二、微小误差准则

在误差合成中，有时误差项较多，同时它们的性质和分布又不尽相同，估算起来相当烦琐。如果各误差的大小相差比较悬殊，而且如果小误差项的数目又不多，则在一定的条件下，可将小误差忽略不计，该条件便称为微小误差准则。

（一）系统误差的微小准则

系统误差的合成式，即：

$$E_{\text{sys}} = \sum_{i=1}^{n} e_i \qquad (2-69)$$

现设其中第 k 项误差是 e_k 为微小误差。根据有效数字的规则，当总误差取一位有效数字时，若：

$$e_k < (0.1 \sim 0.05)e \qquad (2-70)$$

e_k 便可忽略不计。

当总误差取两位有效数字时，若：

$$e_k < (0.01 \sim 0.005)e \qquad (2-71)$$

e_k 便可忽略不计。

（二）随机误差的微小准则

随机误差的合成式，即：

$$E_{\text{rand}} = \sqrt{\sum_{i=1}^{n} e_i^2} \qquad (2-72)$$

设其中第 k 项误差是 e_k 为微小误差，并令 $e^2 - e_k^2 = e'^2$。根据有效数字的规则，当总误差取一位有效数字时，有：

$$e - e' < (0.1 \sim 0.05)e$$
$$e' > (0.9 \sim 0.95)e$$
$$e'^2 > (0.81 \sim 0.9025)e^2$$
$$e^2 - e'^2 = e_k^2 < (0.19 \sim 0.0975)e^2$$

于是有:

$$e_k < (0.436 \sim 0.312)e \qquad\qquad (2\text{-}73)$$

或近似地取:

$$e_k < (0.4 \sim 0.3)e \qquad\qquad (2\text{-}74)$$

即当某分项误差约为总误差 e 的 1/3 时, 便可将其忽略不计。

当总误差取两位有效数字时, 有:

$$e - e' < (0.01 \sim 0.005)e$$

最后可得:

$$e_k < (0.14 \sim 0.1)e \qquad\qquad (2\text{-}75)$$

即当某分项误差约比总误差小一个数量级时, 便可将其忽略不计。

第三章　安全生产与检测系统管理

安全生产与检测系统管理是现代企业管理的重要组成部分，是实现持续发展的重要环节和保障。本章对安全生产技术及其发展、安全检测及其关键技术、检测信号的分析基础、检测系统的特征及其可靠性技术进行论述。

第一节　安全生产技术及其发展

一、安全生产技术的安全公理与理论

安全生产技术的发展，离不开对安全的解读，因此下面对安全的公理、定理与理论进行解读。

（一）安全科学公理

公理是事物客观存在及不需要证明的命题，而安全科学公理是人们在安全实践活动中，客观面对的、并无可争论的命题或真理。安全科学公理是客观、真实的事实，能够被人们所普遍接受，具有客观真理的意义。安全科学公理是人们在长期的安全科学技术发展和公共安全与生活工作的实践中逐步认识和建立起来的。

1. "生命安全至高无上"

"生命安全至高无上"，作为安全科学的第一公理，表明了安全的重要性，是指生命安全在一切事物和活动中，必须将其置于最高、至上的地位，即要树立"安全为天，生命为本"的安全理念。

（1）"生命安全至高无上"的角度解读

下面从个人、企业和社会三个角度进行解读：

1）对于个人而言，生命安全为根。从个人的角度来说，生命是唯一的、无法重复的，人的一切活动和价值都以生命的存在和延续为根基。个体生命的一生，无论追求物质上的事物还是精神上的价值，所有的一切都必须以生命安全为前提。所以，生命安全对于个人是一切存在的根本，生命安全高于一切，生命安全至高无上。

2）对于企业而言，生命安全为天。从企业的角度来说，在生产经营的一切要素中，人是决定性的要素，是第一生产力。企业必须把人的因素放在企业生产管理的首位，体现"以人为本"的基本思想。因此，要把"生命安全至高无上"的理念深入企业决策层与管理层的内心深处和根本意识中，落实到企业生产经营的全过程上，树立"生命安全为天"的基本信念。

3）对于社会而言，生命安全为本。从整个社会的角度来说，人是建立各种社会关系的基础，也是构成家庭、企业等社会单元的基本要素。人是社会的主体，是社会的根本，社会的存在和发展以个人的存在和发展为基础，个人的存在和发展以个人的生命安全为基础。人的生命安全，是社会存在和发展的根本。因此，生命安全为本，是文明社会的基本标志，是科学发展观的重要内涵，是社会主义和谐社会的具体体现，更是实现中华民族伟大复兴的中国梦的基石保障。

（2）"生命安全至高无上"的观念树立。

1）安全至上的道德观。道德观是人们对自身、对他人、对世界所处关系的系统认识和看法。道德观具有巨大的力量，能够潜移默化地影响人们的思维和行为。

树立"生命安全至高无上"的安全道德观念，是社会每一位成员应有的素质；遵守安全生产法律法规和道德规范，是每个社会人珍爱生命的重要体现。只有每个社会成员都切实加强"生命安全至高无上"的安全道德修养，严格遵守和勇于维护安全道德规范，整个社会才会形成良好的安全道德风尚，真正实现"安全无事故"的目标。

2）珍视生命的情感观。充分认识人的生命与健康的价值，强化"生命安全至高无上"的"人之常情"之理，是每个人都应树立的情感观。安全维系人的生命安全与健康，"生命只有一次""健康是人生之本"。

随着社会的进步，我们要树立珍视生命的情感观，珍视自己的生命，珍视他人的生命，珍视社会上每个人的生命。珍视生命的情感，不仅体现在生活中，而且应该体现在工作上。不同工作的人具有不同层次的情感体现，员工或一般公民的安全情感主要是通过"爱人、爱己""有德、无违"来体现，而对于管理者和组织领导，则应表现出用"热情"的宣传教育激励和教育职工，用"衷情"的服务支持安全技术人员，用"深情"的关怀保护和温暖职工，用"柔情"的举措规范职工安全行为，用"绝情"的管理爱护职工，用"无情"的事故教训启发职工。

3）正确的生命价值观。"生命第一""生命是无价的""生命安全高于一切"是现代社会应建立的最基础和最重要的价值观念。法律上的"紧急避险权"主张人身权大于财产权，而在人身权中生命权大于其他人身权利。科学应急理念中也倡导"以人为本"，即在利弊权衡中，要保护人的生命安全，以此作为一切安全和应急活动的出发点。因此，只有树立"生命安全至高无上"这一正确的生命价值观，才能提高我国全民的安全意识和安全素质，才能保障整个社会的稳定运转，才能使安全科学得到更好发展，充分体现安全科学的价值和意义。

2. "安全是相对的"

"安全是相对的"，作为安全科学的第三公理，表明了安全的相对性，是指人类创造和实现的安全状态和条件是相对于时代背景、技术水平、社会需求、行业需要、法规要求而存在的，是动态变化的，现实中做不到"绝对安全"。安全只有相对、更好与起点。

安全的相对性表明安全是依托于人类社会存在的，且安全的状态和水平也受各种社会条件的约束。由于人类研究安全的科学是发展的、控制安全的技术是动态的、保障安全的经济是有限的，在特定的时间和空间条件下，人类能够达到的安全能力是有限的，因此，安全是相对的。

(1) 绝对安全与相对安全。

1) 绝对安全。绝对安全是一种理想化的安全。理想的安全、绝对的安全、100%的安全性，是一种纯粹完美、永远对人类的身心无损无害，保障人能绝对安全、舒适、高效地从事一切活动的境界。绝对安全是安全性的最大值，是安全的终极目标，即"无危则安，无损则全"。

事实上，实现绝对安全是十分困难的，甚至是不可能的。无论从理论上还是实践上，人类都无法创造出绝对安全的情况，这既有技术水平方面的限制，也有经济成本方面的限制。人类对自然的认识能力是有限的，对万事万物危害的机理规律仍在不断的研究和探索中，因此，人类自身对外界危害的抵御能力、对人机系统的控制能力也是有限的，很难使人与物之间实现绝对和谐并存的状态，这势必会产生矛盾和冲突，容易引发事故和灾难，造成人的伤害和物的损失。

绝对安全应该是社会和人类努力追求的最终目标，在实现这一目标的过程中，人类通过安全科学技术的发展和进步，在有限的科技和经济条件下，实现了"高危—低风险""低风险—无事故"的安全状态，甚至做到了"变高危行业为安全行业"。

2) 相对安全。相对安全是客观的、现实的安全，也是变化的、发展的安全。安全是风险能够被人们所接受的一种状态，在不同的时间、空间、技术条件下，人们能够接受的风险程度不同，因此能达到的"安全"程度也是不同的、相对的。

第一，相对于时间和空间，安全是相对的。在不同的时间，安全的内容是不同的。随着时间的推移，任务、人员、机器、环境、管理都在发生变化，旧的不安全因素可能消失，新的不安全因素可能出现，人类对于安全的认知和要求也在不断进步、升级。在不同的空间，由于国家、地区、行业、企业的不同，安全问题的展现程度和解决安全问题的技术条件也是不同的。

第二，相对于法规和标准，安全是相对的。不同法律法规、安全标准所指的"安全"，都不是绝对的安全，而是相对的安全。安全是人们在一定的社会环境下可以接受的风险的程度，因此安全标准也是相对于人类的认识水平和社会经济的承受能力而言的。不同的时期、不同的生产领域，可接受的损失程度不同，衡量系统是否安全的标准也就不同。法律法规、安全标准追求的安全是"最适安全"，即在一定的时间和空间内，在有限的经济能力和科技水平中，在符合人体生理条件和心理素质的情况下，通过控制事故灾难发生的条件来减少其发生的概率和规模，将事故灾难的损失控制在尽可能低的限度内，从而满足人们目前对安全的需求。从长远来看，随着人类认识的提升、科技的进步、社会的发展，人类对安全的要求逐步提高，法律法规和安全标准也会随之逐步提高，以实现更高水平的安全。因此，从法规和标准的角度来看，安全也是相对的。

(2) 实现相对安全的策略

1) 建立发展观念。安全相对于时间是变化和发展的，相对于生产作业、活动场所、工作岗位是变化和发展的，相对于企业行业、地区国家也是变化和发展的。在不同的时间和空间内，安全的要求和人们可接受的风险水平是不同的、变化的。随着人类经济水平和生活水平的不断提高，人们对安全的认识在不断深化，也对安全提出了更高的标准和要求。因此，在管理和从事安全活动的过程中，应树立安全发展观，动态地看待安全，做到安全认识与时俱进、安全技术水平不断提高、安全管理不断加强，逐步降低事故的发生率，追求"零事故"的目标。

2) 树立过程思想。安全是动态的、相对的，生产作业过程中任何一个要素、环节存在风险和不安全因素，都可能引发事故。因此，必须在生产和管理的全过程中警惕风险、保障安全。对于劳动者，事故的发生主要来源于人们的安全防范意识不够，对岗位和作业中存在的危险性缺乏认识。开展危险预知活动是达到这一目的的最有效的途径。对于管理者和决策者，在安全生产管理实践中，最基本的原则和策略就是实现全过程的"技术达标""行为规范"，使企业的生产状态及过程是规范和达标的。"技术达标"是指设备、装置等生产资料达到安全标准要求；"行为规范"是指管理者的安全决策和管理过程符合国家安全规范。安全规范和标准是人们可接受的安全的最低程度，在实际生产和管理中应至少超过安全规范和标准。可以这样说，"相对的安全规范和标准是符合的，则系统就是安全的"。因此在安全活动的全过程中，应该做到人人行为规范、事事技术达标。

3) 具有"居安思危"的认知。安全是相对的，在不同时期、不同条件下，安全状态是不同的。因此，安全工作就需要有"天天从零开始"的居安思危的认知，需要具有"安全只有起点，没有终点"的忧患意识。这样就会产生高度的责任感，高标准、严要求地去落实，做到"未雨绸缪"，把事故消灭在萌芽状态。

安全只有起点没有终点，要做到真正的安全，就应做到专心、细心、虚心、责任心、恒心。只有这样，才能做到"安不忘危""建久安之势，成长治之业"。

3. "危险是客观的"

"危险是客观的"，作为安全科学的第四公理，反映了安全的客观性，是指在社会生活、公共生活和工业生产过程中，来自技术与自然系统的危险因素是客观存在的，不以人的意志为转移。危险和安全是一直存在的矛盾，危险是客观的、有规律的，安全也是客观的、有规律的。

正确认识危险是人类发展安全科学技术的前提和基础，辨识、认知、分析、控制危险是安全科学技术的最基本任务和目标。"危险源是指向超高能量、危险物质、危险状态及其载体、过程的，危险有害因素是其客观属性，只要作用于人体，就会造成伤害等严重后果。"[①]

同时，危险的客观性也表明认识危险是一个循序渐进的过程，决定了安全科学技术需要的必然性、持久性和长远性。

危险是事故的前兆，是导致事故的潜在条件，任何事物从发生之初就存在被破坏、损害的危险。危险的客观性可以从自然界和技术系统两个方面来理解。危险是客观的，危险存在于一切系统的任何时间和空间中。

"危险是客观的"这一公理告诉我们，首先应充分认识危险，只有在充分认识危险的基础上，才能分析危险，进而控制危险。

（1）认识危险与事故的关系。危险不等于事故，只有在一定的条件或刺激下，危险才会转变为事故。因此危险和事故具有逻辑上的因果关系。通过分析掌握危险的存在状态和规律，对危险进行预防和控制，就能有效地预防事故的发生。

对事故案例和发生规律的探索和研究，有助于加深对危险规律性的认识。人们通过大量的观察事故案例，已经发现了一些明显的规律性，规律能够帮助人们对事故进行分析，进而采取有效的措施控制危险，预防事故的发生。

（2）认识了解危险才能驾驭危险。"危险是客观的"这一公理还告诉人们，危险虽然是客观的、不以人的意志为转移，但是由于它具有可辨识性和规律性，因此危险是可以防控的。既然危险具有可辨识性，人们就应采用安全科学技术的方法对危险进行辨识。

从安全管理的角度来讲，这是为了将生产过程中存在的安全隐患进行充分的识

---

① 许铭，吴宗之，罗云.安全生产领域安全技术公理 [J].中国安全科学学报，2015，25（1）：4.

别，并对这些隐患采取相应的措施，以达到消除和减少事故的目的。危险辨识的方法通常有两大类。

1）直接经验法。直接经验法是对照有关标准、法规、检查表或依靠分析人员的观察分析能力，借助经验和判断能力直观地辨识危险的方法。经验法是危险辨识中常用的方法，其优点是简便、易行，其缺点是受人员知识、经验和现有资料的限制，可能出现遗漏。为了弥补个人判断的局限性，常采取专家会议的方式来相互启发、交换意见、集思广益，使危险、危害因素的辨识更加细致、具体。直接经验法的另一种方式是类比，利用相同或相似系统或者作业条件的经验和职业安全健康的统计资料来类推、分析以辨识危险。随着现代科技的发展和安全科学的进步，生产安全事故的数量在逐渐减少，因此，通过对大量未发生事故的数据进行分析也可以辨识危险所在。

2）系统安全分析法。危险辨识的过程中两种方法经常结合使用。系统安全分析是应用系统安全的分析方法识别系统中的危险所在。系统安全分析法是针对系统中某个特性或生命周期中某个阶段的具体特点而形成针对性较强的辨识方法。不同的系统、不同的行业、不同的工程甚至同一工程的不同阶段所应用的方法各不相同。目前系统安全分析法包括几十种，常用的主要有危险性预先分析、故障模式及影响分析、危险与可操作性分析、事故树、事件树、原因后果分析法、安全检查表和故障假设分析等。

（二）安全战略理论

安全战略理论是指导企业安全生产长远规划重要、科学、实用、有效的方法论。安全战略理论对明确安全使命、规划安全发展、确立安全方向、制订安全目标、选择安全战术、实施安全计划、激励安全成员、评估安全绩效、反馈安全信息都具有应用的价值和意义。

1. 安全领导力理论

安全领导力是决定企业安全管理水平的关键要素，领导力对于安全工作的核心作用不可替代，无法授权。领导者对安全工作的定位及行为能力，将决定其管辖范围内安全管理所能达到的最高水平。只有领导者用自己的行动表明期望在安全方面达到何种程度时，才有可能达到这样的标准。安全领导力理论是指领导安全工作的能力，是权力和影响力的统一、科学和艺术的结合，也是一系列行为的组合。既需要职位所赋予的对安全工作指挥性和强制性的权力支撑，又要有吸引追随者的内在影响力，使受影响者心悦诚服，在心理和行为上表现出自愿、主动。安全领导力既体现了领导者具有一定规律可循的某些特质，也体现了对人施加影响的过程有技巧性的方式方法。

安全领导力的提升策略如下。

(1) 公开的领导层承诺。通过领导和行动,引入先进的安全理念,以简洁、易懂的表述方式,深入广泛的宣传,将其贯彻到各个部门和每一位员工,牢牢根植于企业的文化中。

(2) 建立针对性强的责任体制。安全管理是每一级管理者的职责,"谁主管,谁负责"。管理人员必须相信和理解"工作场所员工的行动或行为是可以管理控制的",这是安全管理的基础。

(3) 组建精干的安全管理专业队伍。安全部门的职责包括:检测评估、技术支持、协助培训、分析沟通等,应该是帮助领导层,执行和协调安全程序。安全部门具有建议、协调和监测的重要作用。为了有效地实施这些职能,安全部门必须具备足够的专业知识,并且能随时为公司各个层面提供技术支持和协助。同时,也应该协助对安全管理系统的有效性进行衡量和评估,并且提出相应的建议。安全管理人员应该熟悉设备及环境,具备生产实际经验。

(4) 明确的安全标准。提高安全标准的首要步骤是经理与员工共同努力确保所有工作标准都是内容正确、已经得到高层批准的、书面的、简明扼要和易于理解、随时可以查询的。

(5) 确立安全目标和指标。安全绩效必须是可衡量的,建立合理的、可衡量的、能实现的安全管理目标和指标就是基础。安全目标不仅仅是事故率,更应该包括为实现安全生产而实施的风险控制措施。

(6) 定期走访现场进行安全审核。管理层应该定期走访现场,通过安全审核,了解和掌握现场的安全管理现状。

(7) 重视安全培训。一个好的安全培训课程是通向成功安全管理的基础。安全培训的关键是改变人们对安全的认识和态度。

(8) 制定激励措施。为了实现安全绩效的持续改进,激励员工采取安全行为是另一个重要方面。企业应该建立系统的激励机制,激发他们关心安全,树立良好的安全意识。

2. 安全生产方法论

安全生产方法论是指基于安全生产认识论指导下的安全生产工作模式或方法的基本规律和理论。

(1) 安全生产工作的3种方法论及其特征。

1) 问题导向。问题导向是一种基于经验和教训的工作方式。这种方式是必然的发展规律,但是显然也具有明显的被动性和滞后性,从而导致了代价高、效果差的工作结果。在"人命关天"的安全生产领域，这是一种下策。

2）目标导向。目标导向是一种基于规范和政策的工作方式。这种方式以其普遍性起引导与约束作用，是安全生产工作的必要基本保证，但也是不够充分甚至"事倍功半"的，是一种中策。

3）理论导向或规律导向。这是一种基于安全的理论和规律的安全生产工作方式，其特点在于科学性和有效性。这种方式对于安全生产工作，无论是与顶层设计相关的战略、理念、思路、原则、目标等，还是与具体实践相关的任务、方法、技术、措施等，都具有科学的指导与依据作用，是安全生产工作的最高境界，是一种上策。追求本质安全和科学规律的，不仅仅是正规的、形式的安全工作方式，实现超前预防是最高明的方法论。只有基于科学规律和超前预防的对策和策略，才是落实国家安全发展战略中指出的"科学预防"的根本方法。

（2）安全生产的发展策略。

1）从就事论事到系统方略。我国的安全生产工作确立了"安全第一、预防为主、综合治理"的安全生产"十二字方针"，明确了安全生产工作的基本原则、主体策略和系统方略："安全第一"是基本原则，"预防为主"是主体策略，"综合治理"是系统方略。

第一，国家和各级政府应用行政、科技、法制、管理、文化的综合手段保障安全生产。

第二，社会、行业、企业应从人因、物因、环境、管理等系统因素提升安全生产保障能力。

第三，从政府到企业、从组织到个人都要具备事前预防、事中应急、事后补救的综合全面能力，强化安全生产基础和建立保障体系。

第四，充分发挥党、政、工、团，以及动员社会、员工、舆论等各个方面的参与和作用，提供安全生产支撑力量。

由于安全生产面对的是综合、复杂的巨大系统，是一项长期、艰巨、复杂的任务和工作，因此，只有采取系统的方略、综合的对策，才能在安全生产保障与事故预防的战役中制胜和奏效。

2）从基于经验到应用规律。国家的安全生产法律法规对生产经营单位的安全生产保障提出了全面、系统的规范和要求，具体内容包括落实责任制度、推行"三同时"、加强安全防护措施、推行安全评价制度、安全设备全过程监管、强化危化品和重大危险源监控、交叉作业和高危作业管理等内容。

安全投入保障、配备注册安全工程师专管人员、明确安全专管机构及人员职责、强化全员安全培训等是新增加的内容。这些内容充分体现了人防、技防、管防（3E）

的科学防范体系，体现了时代对基于规律、应用科学的安全方法论，即实现安全生产管理方式的转变：变经验管理为科学管理，变事故管理为风险管理，变静态管理为动态管理，变管理对象为管理动力，变事中查治为源头治理，变事后追责到违法惩戒，变事故指标为安全绩效，变被动责任为安全承诺。

具体的安全生产工作模式和方法实现的创新包括：①从基于能量（规模）的形式安全到基于风险的本质安全；②从固有危险因素的静态管控到现实风险的动态实时预控；③由"从上而下"到"从下而上"与之相结合的主动式过程管理；④从单一的风险因素管控到系统的潜在风险和组合风险管控；⑤从危险危害因素管理到全面风险因素的管理；⑥从定性（或单一标准定量）监管到系统风险的定量管控；⑦从事故结果的分析管理到全过程及全生命周期的风险分级管理。

3）从形式安全到本质安全。基于"人本""物本""环本""管本"和谐统一基础上的本质安全理论和认识论，是现代安全管理的前沿和潮流。通过追寻本质安全生产系统或本质安全型企业的方法论，是生产企业有效提升安全生产保障水平，促进企业安全发展战略目标顺利实现的必然选择和必由之路。本质安全方法论的价值和意义如下。

第一，创建本质安全型企业是一项可持续的治理之策。国际工业安全和国内安全生产的发展潮流指出，实现系统安全必须坚持"标本兼治、重在治本"的方针和策略。通过科学、系统、源头、根本、长远的本质安全建设才能使企业安全生产可持续。

第二，打造本质安全型企业是企业安全生产工作的最高境界。企业的成败在安全，发展的基础在安全。企业要实现生产过程中的零事故、零伤亡、零损失、零污染结果性指标，必须通过达到零隐患、零三违、零故障、零缺陷、零风险等本质安全性目标来实现。实现企业生产"全要素""全过程"的本质安全，是全面预防各类生产安全事故、根本保障安全生产的科学性、有效性措施，因此，企业只有做到真正的本质安全，才能达到安全生产工作的最高境界。

第三，追求企业本质安全是实现企业长治久安的必然选择。安全生产的基本公理告诫人们：危险是客观、永恒的，安全是相对的、可及的，事故是可防的、可控的。企业只有朝着本质安全的目标和方向去谋划、去努力，通过长期不懈、持续追求科学的本质安全体系建设，安全生产的根本好转形势和长治久安的局面才有可能实现，也一定能够实现。

第四，企业本质安全是实现"安全发展"和"以人为本"的理想法宝。社会、企业的安全发展需要本质安全的强力支撑；"以人为本"既是本质安全的目标，也是本质安全的手段。本质安全重视内涵发展，追求安全的科学性、事故防范对策的系统性、安全方法的有效性，因而，与科学发展一脉相承。本质安全突出安全本质要素，除了技术因素、环境因素，更重视人的因素，因此，与"以人为本"(为了人、依靠人) 相似。

4) 从技术制胜到文化强基。

安全科学原理揭示出，安全生产的保障需要 3 个支柱：①安全科技；②安全监管；③安全文化。安全文化是安全生产的根本与灵魂，是引领安全发展的根基与动力。

我国的安全生产方针是"安全第一，预防为主，综合治理"，也可以解读为，安全生产的保障既要考虑技术功能、监测报警、设备设施等硬件因素，更要重视人为因素、管理制度、教育培训等软件的因素；既要依靠原料、动力、设备、工艺等生产技术部门的负责落实，也需要党、政、工、团、妇的参与辅助。软件与硬件兼容，人因与物因兼顾，技术与管理相辅，既是"预防为主"的全面体现，也是"综合治理"的内涵真谛。提出"安全发展，文化引领""安全生产，文化先导"的认知和理念，表明文化是安全发展、安全生产的根本，文化是安全生产的灵魂，文化是安全系统的基石和根基。

我国在经济基础和生产力水平发展到很高程度的今天，很多行业已经从技术制胜时代转变为"文化引领"的时代，因此，以人的本质安全化为目的的安全文化建设已经成为潮流，已经成为未来提升安全生产保障能力和水平的前沿及制高点。

3. 安全要素贡献率理论

安全要素贡献率理论是指对行业或技术系统的安全技术、安全管理、安全文化的功能比例或作用贡献程度进行定量分析的理论。

安全要素贡献率的分析研究能够反映在行业、企业或技术系统中，靠工程技术、监督管理、教育培训手段或措施，对保障安全生产发挥的作用程度进行分析研究。安全三要素贡献率的研究能够分析出安全保障的三要素中的短板，为改进系统安全，为安全监管者的宏观安全决策、微观优化安全保障体系提供高效精准的方向和措施对策。

安全三要素的贡献率来自事故预防的"3E"对策理论，即保障安全生产的工程技术对策、管理监督对策和文化教育培养对策。每个要素贡献率的具体含义如下。

(1) 安全技术要素贡献率：主要包括支撑安全生产工作所需的安全技术类因素与条件，如安全装备的固有先进水平与配备水平、安全检测检验相关的技术设施水平、事故应急救援技术装备水平、生产设备设施在全生命周期各关键环节中的安全水平、生产工艺流程、条件的安全性与有效性水平等，这些技术类要素在支撑安全生产系统实现本质安全中所发挥的影响、改善、优化、提升作用的综合水平，对系统安全的贡献比例即为安全技术要素贡献率。

（2）安全管理要素贡献率。安全管理要素贡献率包括指导安全生产工作所需的安全管理类因素与方法，如政府安全监管，即通过法规政策的制定与实施、执法活动等在安全生产中发挥的作用水平；安全咨询服务，即安全生产中介机构通过为企业提供认证、审核、培训等服务工作和为政府提供适于科学监管的决策建议、方法、技术、工具等资源，对安全生产发挥的相应作用水平；企业安全基础管理，即企业围绕现场安全管理开展的系统化、制度化、科学化管理活动及其对企业安全生产运行所发挥的基础作用水平；企业安全科学管理，即企业应用安全科学的原理、理论、方法、技术来解决所面临的安全生产实际问题，并对企业安全生产产生的高级作用水平。这些管理类要素在支撑安全生产系统实现安全管理保障中所发挥的影响、改善、优化、提升作用的综合水平，对系统安全的贡献比例即为安全管理要素贡献率。

（3）安全文化要素贡献率。安全文化要素贡献率主要包括引领安全生产工作所需的安全文化类因素与策略，如针对从业人员安全意识、知识、技能方面的安全生产教育培训；针对安全氛围营造的安全宣传手段与措施；针对人员综合安全表现水平的安全素质培训与塑造；针对企业决策层与管理层的安全管理理念与观念等。这些文化类要素是安全生产系统的软实力，其所发挥的影响、改善、优化、提升作用的综合水平，对系统安全的贡献比例即为安全文化要素贡献率。

三要素对于全面保障安全生产具有重要的支撑意义，其贡献率的测算，一方面能够揭示目前对象系统中三要素对安全生产的作用水平，为管理方向的调整与决策提供依据；另一方面可以通过调整对象系统安全三要素的最优比例，从而实现科学高效的管理资源匹配。

（2）基于安全生产要素理论，可以进行贡献率水平的多视角分析：

（1）单目标的纵向（时间维）比较分析，即对单一目标对象的三要素贡献，随时间变化而产生的作用比例变化进行分析。通过三要素的比例测度，可以结合对象的自身发展与安全发展特征，从而做出相应的政策、制度、投入、资源等方面的调整，以保证安全生产水平能够持续有效提升。

（2）单目标的横向（对象维）比较分析，即在相同时间阶段中，同类或异类目标对象之间的三要素贡献率可以进行横向对比，从而做出对每个目标对象的安全生产水平及其所处发展阶段的判断，并有利于做出相应的决策调整。

（3）多目标的综合比较分析，即在不同时间阶段中，同类或异类目标对象之间的三要素贡献率可以进行横向与纵向的综合性对比，从而做出对每个目标对象所处安全生产水平及其所处发展阶段的判断，并有利于做出相应的决策调整。

4.安全发展阶段理论

安全发展阶段理论，从宏观上看，安全生产与经济社会发展水平之间存在倒U

形规律特征，不同的经济社会发展阶段具有不同的安全生产发展阶段。

经济社会处在前工业化时期，安全生产事故极少，随着经济社会的不断发展，在工业化发展的中期，安全生产进入"事故易发期"，当经济社会发展到一定水平，进入后工业化阶段之后，事故开始缓慢下降。

我国生产安全事故的演变也具有倒U形演变规律，一个国家或地区发展到工业化中期，进入事故易发期，但高风险并不必然等于事故高发频发，可以采取有针对性的对策措施，通过政府采取强制性干预政策，包括完善监管体制、加强监管力量、严格执法，可以使事故绝对总量得以下降。同时，推进产业结构升级，走新型工业化道路，淘汰落后产能。加强科技兴安，推进机械化换人、自动化减人。加强安全教育培训，提高从业人员素质，增强安全发展能力，可以大幅缩短事故易发期。

二、安全生产科技支撑体系建设

（一）技术研发体系

安全生产的发展必须以先进的安全科学技术作为支撑，要顺利解决安全生产科技支撑体系建设过程中技术供求之间的矛盾，缓解安全生产科技供给不足以及供给质量不高的问题，就必须加快步伐，构建安全生产科技的技术研发体系。

安全生产科技研发活动以突破重大关键技术以及重大技术装备制造关键领域为主要目的。而重大关键技术和重要装备是依靠科技领军人才、科技基础条件资源、技术交流平台的成功实践经验得来的。在安全生产科技支撑体系的建设过程中，不仅需要掌握先进的安全生产知识和技术，同时还要培养大量的安全生产科技领军人才，这些人才主要源自科研单位、高等院校以及生产单位中高层次的研究人员和技术人员。

安全生产科技基础条件资源是我国培养安全生产领域高尖端技术人才、进行高水平的学术交流活动、开展高层次的技术研发和创新活动的重要基地，主要包括安全生产技术研发基地、仪器设备、重点实验室和产业技术创新战略联盟等部分。技术交流平台主要包括国内以及国际学术会议、网络论坛、学科竞赛等内容，旨在通过多样化的途径促进安全生产领域内高层次的学术交流，是联系不同研究主体和研究领域的桥梁与纽带。

技术研发体系是一个庞大复杂的系统，它既包括科技基础条件资源的建设与维护，也包括科技领军人才队伍的培养与管理，同时还包括技术交流平台的搭建与完善。对于安全生产科技活动来说，其对依托项目具有的依赖性、研究本身的分散性等特点造成安全生产科技研发的难度较大，需要具有全局统筹功能的体制和机制来确保安全生产科技的研发效率、提高科技产品的实用性，以保障生产的安全。

(二) 科技管理体系

安全生产科技的管理活动是根据安全生产科技相关产业发展的相应政策需求而对技术研发、推广应用采用的制度性安排。安全生产科技管理体系可在安全技术责任体系、技术标准和准入制度以及安全技术管理制度等方面加以强化。

技术标准和准入制度的建立有助于保护从业者的安全和合法权益，同时也有助于提高安全生产科技的技术水平，提高科研成果的质量。这不仅规范了生产行为，同时也能够净化市场，杜绝因安全生产技术的滥用而产生混乱的局面。安全技术管理制度的建立旨在优化安全科技管理体系、细化安全科技管理内容。

安全生产科技管理活动要以安全技术管理体系为主线，以安全技术责任体系为保障，以技术标准和准入制度为基础，做好安全生产过程中各个环节安全生产科技的管理工作，持续优化安全生产科技管理体系，快速提升安全生产科技管理水平，突破安全生产科技支撑体系建设的管制困境。

(三) 科技服务体系

安全生产科技服务活动是指根据安全生产科技产业辅助行业发展的实际需要，结合技术研发以及推广应用而形成的服务过程。安全生产科技服务体系的主要功能是向科研院所、企业以及社会提供技术交易、创业孵化等一系列的专业化服务。

重点加强安全生产科技信息系统和数据库的建设、安全技术培训以及科技中介服务等工作。安全生产科技信息系统和数据库的主要功能在于利用移动互联、云计算和大数据等技术管理庞大的信息，为安全生产科技的研发、应用以及管理等活动提供信息指导和服务。

安全生产科技信息系统和数据库的建设内容可包括网站群、专家数据库、科技论文数据库、企业需求数据库、软课题数据库、科技成果应用推广数据库等内容，这不仅为企业提供了寻求技术和人才的新途径，同时也为科技人才和科技研究成果实现自身价值提供了新的平台。

科技中介服务是指在市场经济条件下，为使科技研究成果转化为现实生产力以及满足企业科技需求而开展的服务活动，主要包括人才市场、技术产权交易机构、科技评估中心、信息中心、工程技术研究中心等机构提供的服务。科技中介服务将推动技术的转移和推广，使各类资源满足科技产业发展的要求。安全生产科技服务体系的建立在转变政府职能、合理配置安全生产科技资源、加速科技成果转化、提升安全生产科技创新能力等方面具有重要作用，同时，完善的安全生产科技服务体系对于产业结构的调整和优化、发展现代服务业和高新技术产业具有重要意义。

(四) 推广应用体系

安全生产科技的应用活动是指将安全生产科技研发活动的成果和产品加以实际应用的过程。在安全生产科技的技术研发体系中，将科技研发的成果切实地应用到生产实践中才是其最终目的。而要将安全生产科技研发成果进行转化、应用、推广直至形成安全科技产业化发展，才能将科技成果转化为实际生产力。安全生产科技成果的转化也是一项庞大的系统工程，需要构建一个以政府为主、企业、高等院校以及科研机构等组织为辅的安全生产科技推广应用体系。

针对性地建立适合市场需求的试点示范工程以及应用推广试验站显得必不可少，通过建立示范工程和试验站，达到熟练运用和完善安全生产科技成果的目的。同时，对于市场需求稳定的安全生产科技，则建立生产基地，加快推进安全生产科技成果的产业化。

三、安全生产技术服务机构的发展策略

"我国安全生产管理体系中明确了安全生产技术服务机构在安全管理中的作用。"[①] 安全管理技术服务机构为了安全生产管理需求应运而生，它为政府安全管理的实施提供技术支撑。

(1) 强化人才意识，加强机构的专业技术队伍建设。机构引进优秀人才，鼓励员工二次学历教育深造，加强继续教育和岗位业务培训，定期开展学术交流等形式，努力打造一支专业结构完善、安全意识强、专业知识广、服务能力强的安全生产技术服务职业化队伍。

(2) 提高技术含量，拓宽技术服务范围。随着社会经济的发展，政府和企业对安全生产技术服务的要求已经不仅仅局限于安全检查、安全评价、安全培训等传统的服务项目，还要求能提供包括生产安全事故调查、安全事故物证分析鉴定、安全生产政策理论研究、安全生产重点难点问题科技攻关、关键安全设施的检测检验等高层次的安全生产技术服务。

安全生产技术服务机构要高瞻远瞩，谋转型发展，通过科技研发、改善和提高技术装备水平，提供高端安全技术服务。

同时，要积极拓宽技术服务范围，通过对自身基础条件配置的完善、综合服务能力的提升，提高市场竞争力，创造出较高的社会效益和经济效益。

---

① 翟军，连哲莉. 安全发展的关键是科学技术支撑 [J]. 价值工程，2014，33 (12)：180-181.

（3）找准服务定位，完善发展战略。安全生产技术服务机构要根据自身特点，结合地方产业结构、经济特点确定技术服务机构短期、中期、长期的服务定位和发展战略。

深入国民经济的主战场，大力发展面向企业和社会，在"面"上应向中小企业开展技术与管理服务，解决中小企业普遍缺乏技术管理人才，安全生产无人管、不会管、管不好的问题；在"点"上应采取专项服务模式，帮助特定企业排查治理重大隐患，攻关解决技术难题，更好地为企业安全生产提供高技术含量的优质服务。

（4）树立品牌意识，与企业建立长期合作关系。安全生产技术服务机构要树立品牌效应，通过品牌效应提高市场影响力，增强政府和企业的认知度和信任感。

技术服务机构要深入了解服务对象的业务活动，及时发现服务对象在安全生产工作中新的或正在变化的需要，及时明确技术机构应为他们提供哪些新的服务，并与其建立合作伙伴关系，这样才能使安全生产技术服务工作得以持续、稳定地发展。

（5）创新内部管理机制，提高服务质量。一个良好的内部流程管理将产生良好的技术服务质量。要想提高技术服务质量和水平，就要更新内部管理机制。建立和完善组织机构，明确各部门和人员的岗位职责；结合机构技术服务工作实际情况，建立和完善内部管理制度，保障安全技术服务工作的规范、有效运行；优化内部审核程序，严把技术质量关。只有通过严格的内部管理，才能大大提高技术质量和技术水平。

第二节　安全检测及其关键技术

一、安全检测的意义与任务

（一）安全检测的意义

工业事故属于工业危险源，后者通常指人（劳动者）—机（生产过程和设备）—环境（工作场所）有限空间的全部或一部分，属于"人造系统"，绝大多数具有观测性和可控性。表征工业危险源状态的可观测的参数称为危险源的"状态信息"。

状态信息是一个广义的概念，包括对安全生产和人员身心健康有直接或间接危害的各种因素，如反映生产过程或设备的运行状况正常与否的参数，作业环境中化学和物理危害因素的浓度或强度等。安全状态信息出现异常，说明危险源正在从相对安全的状态向即将发生事故的临界状态转化，提示人们必须及时采取措施，以避免事故发生或将事故的伤害和损失降至最低程度。

安全检测方法依检测项目不同而异，种类繁多。根据检测的原理机制不同，大致可分为化学检测和物理检测两大类。化学检测是利用检测对象的化学性质指标，通过一定的仪器与方法，对检测对象进行定性或定量分析的一种检测方法。它主要用于有毒有害物质的检测，如有毒有害气体、水质和各种固体、液体毒物的测定。物理检测是利用检测对象的物理量（热、声、光、磁等）进行分析，如噪声、电磁波、放射性、水质物理参数（水温、浊度、电导率等）等的测定。

（二）安全检测的任务

在工业生产过程中，各种有关因素如烟、尘、水、气、热辐射、噪声、放射线、电流、电磁波以及化学因素，还有其他主、客观因素等，造成对生产环境的污染，对生产产生不安全影响，也对人体健康造成危害。查清、预测、排除和治理各种有害因素是安全工程的重要内容之一。

安全检测的任务是为安全管理决策和安全技术有效实施提供丰富、可靠的安全因素信息。狭义的安全检测侧重于测量，是对生产过程中某些与不安全、不卫生因素有关的量连续或间断监视测量，有时还要取得反馈信息，用以对生产过程进行检查、监督、保护、调整、预测，或者积累数据，寻求规律。广义的安全检测，是把安全检测与安全监控统称为安全检测，认为安全检测是指借助于仪器、传感器、探测设备迅速而准确地了解生产系统和作业环境中危险因素与有毒因素的类型、危害程度、范围及动态变化的一种手段。

为了获取工业危险源的状态信息，需要将这些信息通过物理的或化学的方法转化为可观测的物理量（模拟的或数字的信号），这就是通常所说的安全检测和安全监测。它是作业环境安全与卫生条件、特种设备安全状态、生产过程危险参数、操作人员不规范动作等各种不安全因素检测的总称。

二、安全检测的关键技术

（一）灾前抑制

灾前抑制措施可以感知外界的异常，并通过自身变化弥补或消除热量等能量意外集中释放的变化，达到最大限度地抑制事故发生的目的。其抑制作用可以持续到事故已经发生、发展阶段，起到延缓进程，保护结构不受损的作用。

例如，作为火灾及其相关灾害防治的有效技术之阻燃。降低可燃性、提高耐火性以及无毒、抑烟、耐用是对清洁高效阻燃的要求。目前阻燃技术研究重点是聚合物阻燃剂和材料的分子设计，涉及分子动力学和聚合物热降解，聚合物夹层无机物纳米复合材料的结构控制。

当热量过分集中于某一客体，并且超过其所能承受的能量阈值时，将引发重大事故或灾害。如果不断聚集的热量作用于可燃物，可能导致火灾或爆炸；作用于非可燃物，则可能因局部过热受到破坏，从而引发事故。

(二)前兆检测

很多火灾、爆炸等事故都是因为物体过热或热量相对集中造成的，根据事故发生前表现出来的温度或热特性，已经形成很多检测设备，如热像技术以其独特的方便、直观等特点被广泛应用，超声波等材料缺陷检测技术对事故前兆检测具有重要作用。

红外热像技术通过扫描热力设备表面温度场，形成红外温度场图像，根据能量准则，可实现热安全故障隐患在线诊断。

早期隐患检测技术的发展日新月异，在事故前兆检查、消除方面的应用也越来越广泛，其发展方向是微型化和自动化，用来实现长期监测。

(三)早期监测

早期监测向新一代的主动式防治技术转变的关键是以智能监测技术为核心，结合灾前抑制和高效扑救技术，实施最直接的灾害防治。传感、信号处理算法是智能探测的两个基本方面，新的监测技术一般都是从这两个方面入手，提高其智能程度、反应速度与稳定性。用于早期监测的传感器非常多，如化学传感器、声学传感器、机械传感器、磁传感器、辐射传感器、热传感器以及生物传感器、膜传感器、光纤传感器、硅传感器、应用MEMS的微传感器等。

由被动式的抗灾技术向新一代的主动式防治技术转变的关键是以智能监测技术为核心，结合灾前抑制和高效扑救技术，实施最直接的灾害防治。图像模式、次声等新型传感手段结合多信号多判据、基于模糊逻辑和神经网络技术、现场总线、专用集成芯片等技术，把智能监测带入一个崭新的时代。研究过程也从单一的实物探索尝试，发展到与计算机模拟、虚拟试验等方式相结合。

传感技术的发展和水平直接影响安全监测技术的水平。现代传感技术的发展日新月异，安全监测也受惠其中，对众多技术先进、工艺成熟的传感器件，安全工程有了更大的选择余地。

神经网络与模糊系统融合的信号检测算法也已经应用于灾害探测，将模糊理论和神经网络有机地结合起来，取长补短，提高整个系统的学习能力和表达能力，可以进一步提高监测系统的智能化水平。

（四）灾害扑救

灾害发生后，有效的扑救技术可以大幅度地减小灾害损失。扑救过程涉及清洁、高效救灾、人员疏散、人员防护、防排烟等技术。

智能机器人技术在灾害救援方面也得到了应用。研制机器人的初衷就是制造一种用来代替人在复杂、危险及人的生理条件所不能承受的环境中工作的机器，从 20 世纪 50 年代末至今，机器人已经研制出三代。从第二代机器人起，已经有专门研制的机器人从事恶劣、危险环境下的检修、清洁等安全防范工作，以及从事消防灭火、火场搜索救援工作。我国在 2006 年成功研制了第一台用于煤矿救援的 CUMT—1 型矿井搜索机器人；在 2021 年，利用"翼龙 -2H"无人机空中应急通信平台，跨区域长途飞行，历时 4.5 小时抵达通信中断区，利用翼龙无人机搭载的移动公网基站，实现了约 50 平方公里范围内长时间稳定的连续移动信号覆盖，打通了应急通信保障生命线。

三、安全检测技术的发展

随着科技的发展，安全检测技术也在不断变化。在石油、化工、制药、冶金、煤炭等工业生产中，陆续出现了利用光学原理、热导原理、热催化原理、热电效应、弹性形变、半导体器件、气敏元件等多种工作原理和不同性能元件的各类检测仪器，对影响生产安全的各种因素实现了不同程度的监测，并逐渐形成了不同种类的检（监）测仪器仪表。但 1815 年，英国发明了第一项安全仪器——安全灯，依然被沿用至今，因为它是利用瓦斯在灯焰周围燃烧时，根据火焰高度来测量瓦斯含量的简单仪器。它构造简单、性能可靠、使用寿命长。

20 世纪 50 年代之后，由于电子通信和自动化技术的发展，出现了能够把工业生产过程中不同部位的测量信息远距离传输并集中监视、集中控制和报警的生产控制装置，初步实现了由"间断""就地"检测到"连续""远地"检测的飞跃，由单体检测仪表发展到监测系统。早期的监测系统，其监测功能少、精度低、可靠性差、信息传递速度慢。

自 20 世纪 80 年代以来，随着电子技术和微电子技术的发展，特别是计算机技术的应用，实现了化工生产过程控制最优化和管理调度自动化相结合的分级计算机控制。对于检测仪器仪表和监测系统，无论其功能、可靠性和实用性都产生了重大的飞跃，使安全监测技术与现代化的生产过程控制紧密地联系在一起。

20 世纪 90 年代制造的安全监测系统已开始运用在我国的石油、化工、煤矿等工业生产部门；安全监测、报警及联锁控制装置等也在我国自行设计的石化生产设备中获得了应用，这标志着我国安全监测仪器的研制和装备进入了新的阶段。但必须指出，我国安全监测传感器目前种类较少，质量尚不稳定；监测数据处理、计算机应用与一些发达国家相比还有一定差距，这些都需要在今后重点解决。

我国的工业生产发展很快，国家十分重视安全，在安全检测仪表的研究和生产制造方面投入很大，使安全仪表生产具备了相当大的规模，形成了众多生产基地，可以生产多种型号环境参数、工业过程参数及安全参数的监测、遥测仪器。

目前，在我国的大型石化企业项目（如扬子乙烯工程、齐鲁乙烯工程等）中，大量装备都使用各种安全监测仪表。先进的安全监测系统的使用，使生产事故发生率极大地下降，促进了生产发展，获得了很大的经济效益。因此，安全检测技术与石化生产过程控制的密切配合，是我国石化生产的发展方向，是防火防爆、预防重大火灾及爆炸事故发生的重要环节。

我国煤矿安全检测技术也有较大进步，主要表现在：①煤矿安全检测技术理论更加成熟，开发出了更先进、更实用的检测设备；②煤矿安全检测设备的生产逐渐进入正规化，设备操作更简便，数据处理更直观；③在计算机技术的发展基础上，开发了矿井安全预警系统。

第三节　检测信号的分析基础

信号是随时间变化的物理量（电、光、文字、符号、图像、数据等），可以认为它是一种传载信息的函数。一个信号，可以指一个实际的物理量（最常见的是电量），也可以指一个数学函数，因为，在信号理论中，信号和函数可以通用。总之，可以认为：①信号是变化着的物理量或函数；②信号中包含着信息，是信息的载体；③信号不等于信息，必须对信号进行分析和处理后，才能从信号中提取出信息。

信号分析是将一个复杂信号分解为若干简单信号分量的叠加，并根据这些分量的组成情况去考察信号的特性。这样的分解，可以抓住信号的主要成分进行分析、处理和传输，使复杂问题简单化。实际上，这也是解决所有复杂问题最基本、最常用的方法。

信号处理是指对信号进行某种变换或运算（滤波、变换、增强、压缩、估计、识别等）。其目的是消弱信号中的多余成分，滤除夹杂在信号中的噪声干扰或将信号变换成易于处理的形式。

信号处理包括时域处理和频域处理。时域处理中最典型的是波形分析，示波器就是一种最常用的波形分析和测量仪器。把信号从时域变换到频域进行分析和处理，可以获得更多的信息，因而频域处理更为重要。信号频域处理主要指滤波，即把信号中的有效信号提取出来，抑制（削弱或滤除）干扰或噪声的一种处理。

进行信号分析的方法通常分为：时域分析和频域分析。由于不同的检测信号需要采用不同的描述、分析和处理方法，因此，要对检测信号进行分类。

一、信号的频域

（一）信号的分解与合成

为了便于研究信号的传输与处理等问题，可以对信号进行分解，将其分解为基本的信号分量之和。

（1）直流分量与交流分量。直流分量是信号的平均值，交流分量是从原信号中去掉直流分量后的部分。

（2）脉冲分量。一个信号可以分解为许多脉冲分量之和，有两种情况：①可以分解为矩形窄脉冲分量，当脉冲宽度取无穷小时，可以认为是冲击信号的叠加；②可以分解为阶跃信号分量之和。

另外，在描述某些变化过程的物理量时，会需要用复数量来描述，此时，可将信号分解为实部分量和虚部分量。同时，任意信号可由完备的正交函数集来表示，如果用正交函数集来表示一个信号，那么组成信号的各分量就是相互正交的。

（二）周期信号与离散频谱

频域分析是以频率或角频率为横坐标变量来描述信号幅值、相位的变化规律。信号的频域分析或者说频谱分析，是研究信号的频率结构，即求其分量的幅值、相位按频率的分布规律，并建立以频率为横轴的各种"谱"。其目的之一是研究信号的组成成分，它所借助的数学工具是傅里叶级数和傅里叶积分。连续时间周期信号的傅里叶变换表示为傅里叶级数，计算结果为离散频谱；连续时间非周期信号的傅里叶变换表示为傅里叶积分，计算结果为连续频谱；离散时间周期信号的傅里叶变换表示为傅里叶级数。进行离散时间非周期信号的傅里叶变换时，必须将无限长离散序列截断，变成有限长离散序列，并等效地将截断序列沿时间轴的正负方向开拓为离散时间周期信号。

建立信号频谱的概念，在有限区间下，可以展开成傅里叶级数。

（三）非周期信号与连续频谱

非周期信号是指瞬变冲激信号，如矩形脉冲信号、指数衰减信号、衰减振荡、单脉冲等。对这些非周期信号，不能直接用傅里叶级数展开，而必须引入一个新的被称为频谱密度函数的量。

（1）频谱密度函数。对于非周期信号，可以看成周期为无穷大的周期信号。当周期趋于无穷大时，则基波谱线及谱线间隔趋于无穷小，从而离散的频谱就变为连续频谱。所以，非周期信号的频谱是连续的。同时，由于周期趋于无穷大，谱线的长度趋于零。也就是说，按傅里叶级数所表示的频谱将趋于零，失去应有的意义。但是，从物理概念上考虑，既然成为一个信号，必然含有一定的能量，无论信号怎样分解，其所含能量是不变的。如果将这无限多个无穷小量相加，仍可等于一有限值，此值就是信号的能量。而且这些无穷小量也并不是同样大小的，它们的相对值之间仍有差别。所以，不管周期增大到什么程度，频谱的分布依然存在，各条谱线幅值比例保持不变。

（2）非周期信号的傅里叶积分表示。作为周期为无穷大的非周期信号，当周期离散变量变为连续变量，求和运算变为积分运算，于是傅里叶级数的复指数函数的展开式变为傅里叶积分。

当非周期信号用傅里叶积分来表示时，其频谱是连续的，它是由无限多个频率无限接近的频率分量所组成的。各频率上的谱线幅值趋于无穷小，故用频谱密度来描述，它在数值上相当于将各分量放大，同时保持各频率分量幅值相对分布规律不变。

（四）离散时间信号的频谱

通过采样从模拟信号中产生离散时间信号，称为采样信号。经过模拟／数字转换器在幅值上量化变为离散时间序列，经过编码变成数字信号，从而在信号传输过程中，就以离散时间序列或数字信号替换了原来的连续信号。

（1）采样信号的频谱。由于采样信号的信息并不等于原连续信号的全部信息，所以，采样信号的频谱与原连续信号的频谱相比，要发生许多变化。

一般来说，连续信号的频谱是单一的连续谱，而采样信号的频谱则是以采样角频率为周期的无穷多个频谱之和，其余频谱是由采样引起的高频频谱，称为采样频谱的补分量。

（2）采样定理与频率混叠。如果采样周期增加，采样角频率就会相应地减少，当角频率为原连续信号的最大截止频率时，采样频谱中的补分量相互混叠，致使采样信号发生了波形畸变，理想滤波器也无法将采样信号恢复成原连续信号。

因此，要想从采样信号中完全复现原连续信号，对采样角频率就要有一定的要求。采样定理指出：如果采样器的输入信号具有有限带宽，并且有直到角频率为原连续信号的最大截止频率的频率分量，则使信号完全从采样信号复现，必须满足角频率的原连续信号的最小截止频率为2倍角频率原连续信号的最大截止频率。

二、检测信号的类型

(1) 根据信号是否随时间而变化，将信号分为以下两类。

1) 静态信号。静态信号是指在一定的测量期间内，不随时间变化的信号。

2) 动态信号。动态信号是指随时间的变化而变化的信号。

(2) 根据信号是否连续变化，将信号分为以下两类。

1) 连续信号。连续信号（又称模拟信号）是指信号的自变量和函数值都取连续值的信号。

2) 离散信号。离散信号是指信号的时间自变量取离散值，但信号的函数值取连续值（采样值），这类信号被称为时域离散信号。如果信号的自变量和函数值均取离散值（量化了的值），则称为数字信号。

(3) 根据信号是否能够用一个确定性函数表示，将信号分为以下两类。

1) 确定性信号。确定性信号是可以根据它的时间历程记录是否有规律地重复出现，或根据它是否能展开为傅里叶级数，而划分为周期信号和非周期信号两类。周期信号又可分为正弦周期信号和复杂周期信号；非周期信号又可分为准周期信号和瞬态信号。

2) 随机信号。随机信号是不能在合理的试验误差范围内预计未来时间历程记录的物理现象及描述此现象的信号和数据，又称为不确定信号，指无法用不确定的时间函数来表达的信号。

三、检测信号的时域

测量所得到的信号一般都是时域信号，实际的时域信号往往是很复杂的，不但包含确定性信号也包含随机信号。直接在时域中对信号的幅值及与幅值有关的统计特性进行分析，称为信号的时域分析。这种分析具有直观、概念明确等特点，是最常用的分析方法之一。主要分析内容有：确定性信号幅值随时间的变化关系、随机信号幅值的统计特性分析、相关分析等。

（一）时域波形分析

时域波形分析包括幅值参数分析和一些由幅值参数演化而来的分析。

1.周期信号的幅值分析

周期信号幅值分析的主要内容是：均值、绝对均值、平均功率、有效值、峰值（正峰值或负峰值）、峰峰值、某一特定时刻的峰值、幅值随时间的变化关系等。这种分析方法主要用于谐波信号或主要成分为谐波信号的复杂周期信号，对于一般的周期信号，在分析前应先进行滤波处理，得到所需分析的谐波信号。

（1）均值和绝对均值。均值是指信号中的直流分量，是信号幅值在分析区间内的算术平均。绝对均值是指信号绝对值的算术平均。

（2）平均功率（均方值）和有效值（均方根值）。时域分析的另一个重要内容是求得信号在时域中的能量。信号能量定义为幅值平方在分析区间内的积分，能量有限的信号称为能量信号，如衰减的周期信号；对于非衰减的周期性信号，其能量积分为无穷大，只能用平均功率来反映能量，这种信号称为功率信号。平均功率是信号在分析区间内的均方值，它的均方根值称为有效值，具有幅值量纲，是反映确定性信号作用强度的主要时域参数。

（3）峰值和双峰值。峰值是指分析区间内出现的最大幅值，可以是正峰值或负峰值的绝对值，反映了信号的瞬时最大作用强度。双峰值是指正、负峰值间的差，也称峰峰值。它不仅反映信号的瞬时作用强度，还反映信号幅值的变化范围和偏离中心位置的情况。

2.随机信号的统计特性

随机信号在任一时刻的幅值和相位是不确定的，不可能用单个幅值或峰值来描述。主要统计特性有：均值、均方值、方差和均方差、概率密度函数、概率分布函数和自相关函数等。

（1）均值。均值表示集合平均值或数学期望值。对于各态历经的随机过程，可以用单个样本按时间历程来求取均值，称为子样均值（以下简称均值）。

（2）均方值。均方值表示信号的强度。对于各态历经的随机过程，可以用观测时间的幅度平方的平均值表示。

（3）方差和均方差。方差是相对于均值波动的动态分量，反映了随机信号的分散程度，对于零均值随机信号，其均方值和方差是相同的。

（二）时域平均

时域平均就是从混有噪声干扰的信号中提取周期性信号的一种有效方法，也称相干检波。其方法为：对被分析的振动信号以一定的周期为间隔截取信号，然后将所截得的分段信号的对应点叠加后求得平均值，这样一来，就可以保留确定的周期分量，并消除信号中的非周期分量和随机干扰。

时域平均可以消除与给定周期无关的其他信号分量，可应用于信噪比很低的场合。

(三) 信号卷积

卷积运算是数据处理的重要工具，是时域运算中最基本的内容之一。利用卷积运算可以很清楚地描述线性不变时系统的输出与输入的关系，即系统的输出是输入工与系统脉冲相应函数的卷积。

显然，周期卷积运算的结果仍为同周期的离散信号。离散卷积的累加性质是系统输出信号累加的计算结果等于输入信号卷积系统响应累加结果，或等于输入信号累加的结果卷积系统响应。

(四) 相关分析与概率密度函数

相关分析是信号分析的重要组成部分，是信号波形之间相似性或关联性的一种测度。在检测系统、控制系统、通信系统等领域应用广泛，它主要解决信号本身的关联问题、信号与信号之间的相似性问题。

随机信号的概率密度函数表示信号幅值落在某指定范围内的概率密度，是随机变量幅值的函数、描述了随机信号的统计特性。

概率密度提供了随机信号沿幅值分布的信息。

第四节　检测系统的特征及其可靠性技术

一、检测系统的特征

检测就是从客观事物获取有关信息的过程。以计算机为中心的现代检测系统，采用数据采集与传感器相结合的方式，能最大限度地完成检测工作的全过程。它既能实现对信号的检测，又能对所获取的信号进行分析和处理，以便获取有用信息。

通常把被测参量作为检测系统的输入 (亦称为激励) 信号，而把检测系统的输出信号称为响应。通过对检测系统在各种激励信号下响应的分析，可以推断、评价该检测系统的基本特征与主要技术指标。

　　理想的检测系统应具有单值、确定的输入／输出关系，其中以输入／输出呈线性关系为最佳。但在实际工作中，一些检测系统无法在较大的工作范围内满足这项要求，而只能在较小的工作范围内、在一定的误差允许的范围内满足线性关系。如果非线性程度比较严重，就会影响到检测的准确性，就要进行校正。

　　检测系统的基本特征一般分为两类：静态特征和动态特征。这是因为被测参量的变化大致可分为两种情况，一种是被测参量基本不变或变化很缓慢的情况，即所谓"准静态量"。此时，可用检测系统的一系列静态参数（静态特征）来对这类"准静态量"的测量结果进行表示、分析和处理。另一种是被测参量变化很快的情况，它必然要求检测系统的响应更为迅速，此时，应用检测系统的一系列动态参数（动态特征）来对这类"动态量"测量结果进行表示、分析和处理。只有动态性能指标满足一定的快速性要求时，输出的测量值才能正确反映输入被测量的变化，保证动态测量时不失真。

　　检测系统的特征如下：

（一）检测系统的静态特征

1. 稳定性

　　稳定性有两种表示方式：①反映测量值随时间的变化程度，用稳定度表示；②反映测量值随外部环境和工作条件变化而引起的变化程度，用影响系数表示。

　　（1）稳定度。测量仪表的稳定度是指在规定工作条件的范围内，在规定时间内仪表性能保持不变的能力。它是由仪表内部的随机变动的因素引起的。例如，仪表内部的某些因素做周期性变动、漂移或机械部分的摩擦力变动等引起仪表测量值的变化，一般以重复性的数值和观测时间长短表示。

　　（2）影响系数。使用仪表由于周围环境，如环境温度、大气压、振动等外部状态变化引起仪表示值的变化，以及电源电压、波形、频率等工作条件变化引起仪表示值的变化，统称为影响量。

　　一般仪器都有给定的标准工作条件，如环境温度20℃、相对湿度65%、大气压力101.33kPa、电源电压220V等。由于实际工作中难以完全达到这个条件，所以规定了一个标准工作条件的允许变化范围：环境温度（20±5）℃、相对湿度65%±5%、电源电压（220±10）V等。当仪器的实际工作条件偏离标准工作条件时，环境对仪器示值的影响用影响系数表示。影响系数为指示值变化量与影响量变化量的比值。影响系数是仪表性能的重要指标。

2. 精确性

　　（1）准确度。准确度说明检测仪表的指示值与被测量真值的偏离程度，准确度反映了测量结果中系统误差的影响程度。准确度高意味着系统误差小，但是，准确度高不一定精密度高。

（2）精密度。精密度说明测量仪表指示值的分散程度，即对某一稳定的被测量在相同的规定的工作条件下，由同一测量者，用同一仪表在相当短的时间内连续重复测量多次，其测量结果的不一致程度。精密度是随机误差大小的标志，精密度高，意味着随机误差小。但必须注意，精密度与准确度是两个概念，精密度高不一定准确度高。

（3）精确度。精确度是准确度与精密度两者的总和，即测量仪表给出接近于被测量真值的能力，精确度高表示精密度和准确度都比较高。在最简单的情况下，可取两者的代数和。精确度常以测量误差的相对值表示。

3.静态输入、输出特征

（1）灵敏度。灵敏度表示检测系统输出信号对输入信号变化的一种反应能力。灵敏度的量纲取决于输入、输出的量纲。当检测系统的输入和输出的量纲相同时，它无量纲，则该检测系统的灵敏度为系统的放大倍数；当测试系统的输入和输出有不同的量纲时，其量纲可用输出的量纲与输入的量纲之比来表示。

对于数字式仪表，灵敏度以分辨率表示，分辨率等于数字式仪表最后一位数字所代表的值。选择检测系统时，应综合考虑选择各参数，既要满足使用要求，又能做到经济合理。一般来说，系统的灵敏度越高，测量范围越小，系统的稳定性也往往越差。

（2）线性度。线性度是度量检测系统输出、输入间线性程度的一种指标。检测系统输入和输出之间关系的曲线称为定度曲线。定度曲线通常是用实验的方法求取的。

为了使用方便，常常需对曲线进行线性化，把线性化得到的这条直线称为理想直线。

测试系统的线性度是把定度曲线和理想直线相测量范围进行比较求取的，理想参考直线的不同位置在很大程度上影响线性度的评定。目前确定这条参考直线有多种方法，常用的有以下几种。

1）最小二乘直线法。根据实际的测试数据，按最小二乘原理进行直线拟合。优点是所求的线性度精度高，缺点是计算复杂，且定度曲线相对于该拟合曲线的误差并不一定小。

2）两点连线法。以检测系统特征曲线的两点之间的连线作为基准直线。优点是简单、方便。

3）最大偏差比较法。使获得的参考直线和定度曲线的最大偏差比起其他所有直线所形成的最大偏差都小，最大偏差比较法介于最小二乘直线法和两点连线法之间，是较常用的一种方法。线性度是度量系统输出、输入线性关系的重要参数，其数值越小说明测试系统特征越好。

（3）滞后度。滞后度也称为回程误差或变差，它是用来评价实际检测系统的特征与理想检测系统特征差别的一项指标。理想线性检测系统的输出、输入是完全单调的对应的关系。而实际检测系统，当输入由小增大或由大减小时，对于同一个输入将得到大小不同的输出量。

产生这种现象的原因很多，如传动机构的间隙、摩擦以及弹性元件的滞后的影响等。由于机械结构中有间隙原因引起的输出量不符现象称为盲区。滞后一般与输入量量程的大小有关，而盲区引起的误差在整个测量范围内几乎不变。理想的检测系统滞后与盲区为零，实际测试系统的滞后误差越小越好。

（4）测量范围（量程）。测量范围指检测系统能够有效测量最大输入变化量的能力。当被测输入量在量程范围以内时，检测系统可以在预定的性能指标下正常工作；超越了量程范围，检测系统的输出就可能出现异常。

一般来讲，量程小的检测系统，其灵敏度高，分辨率强；量程大的检测系统，其灵敏度低，分辨率差。

（5）分辨率。分辨率是指系统有效地辨别紧密相邻量值的能力，即检测系统在规定的测量范围内所能检测出被测输入量的最小变化量。一般认为数字装置的分辨力就是最后位数的一个字，模拟装置的分辨力为指示标尺分度值的一半。

（6）阈值。阈值是能使检测系统输出端产生可测变化量的最小被测输入量值，即零位附近的分辨力。有的传感器在零位附近有严重的非线性，形成所谓"死区"，则将死区的大小作为阈值，更多情况下阈值主要取决于传感器的噪声大小，因而有的传感器只给出噪声电平。

（7）重复性。重复性是指检测系统的输入在按同一方向变化时，在全量程内连续进行重复测试时所得到的各特征曲线的重复程度。多次重复测试的曲线越重合，说明重复性越好，误差越小。重复特征的好坏是与许多随机因素有关的，与产生迟滞现象具有相同的原因。

重复性误差只能用实验方法确定。用实验方法分别测出正反行程时诸测试点在本行程内同一输入量时，输出量的偏差，取其最大值作为重复性误差，然后取其与满量程输出的比值，比值越大重复性越差。重复性误差也常用绝对误差表示。检测时也可选取几个测试点，对应每一点多次从同一方向趋近，获得输出系列值，算出最大值与最小值之差作为重复性偏差，然后在几个重复性偏差中取出最大值作为重复性误差。

（二）检测系统的动态特征

当被测量（输入量、激励）随时间变化时，由于系统总是存在机械的、电气的和磁的各种惯性，而使检测系统（仪器）不能实时、无失真地反映被测量值，这时的测量过程就被称为动态测量。检测系统的动态特征是指在动态测量时，输出量与随时变化的输入量之间的关系。它反映仪表测量动态信号的能力，因此它也和仪表的静态性能一样，是仪表的重要性能指标。

研究测量系统动态特征的目的包括：①根据信号频率范围及测量误差的要求确立测量系统；②已知测量系统的动态特征，估计可测信号的频率范围与对应的测量误差。

而研究动态特征时必须建立检测系统的动态数学模型。

由于仪表测量的动态信号是多种多样的，因此在时域内主要通过对几种特殊的输入时间函数，如阶跃函数、脉冲函数和斜坡函数研究其动态响应特征，在频域内研究正弦信号的频率响应特征。为了比较、评价或动态定标，最常用的输入信号是阶跃信号和正弦信号，对应的方法是阶跃响应法和频率响应法。

（1）阶跃响应特征。当给检测仪表加入一单位阶跃信号时，其输出特征称为阶跃响应特征。衡量阶跃响应特征的性能指标如下：

1）延迟时间。响应曲线第一次达到稳态值的一半所需要的时间被称为延迟时间。

2）上升时间。响应曲线从稳态值的10%上升到90%，或从稳态值的5%上升到95%，或从稳态值的0%上升到100%所需要的时间被称为上升时间。

3）峰值时间。响应曲线达到第一个峰值所需要的时间被称为峰值时间。

4）最大超调量。响应曲线偏离阶跃曲线的最大偏差与稳态值比值的百分数。

5）调节时间。在响应曲线的稳态线上，用稳态值的绝对百分数（通常取2%或5%）当作一个允许的误差范围，响应曲线达到并永远保持在这一允许范围内所需要的时间被称作调节时间。

（2）频率响应特征。传递函数是在复数域中来描述和考察系统特征的，这比在时域中用微分方程来描述系统具有许多优点。但工程中的检测系统所遇到的输入量大部分是正弦函数，或是可以分解成若干个正弦函数的函数，这些系统很难建立其微分方程式和传递函数，而且传递函数的物理概念也很难被理解。因此，常采用频率特征来分析检测系统的动态特征。

频率响应特征就是将各种频率不同而幅值相同的正弦信号输入检测仪表，其输出的正弦信号与输入的正弦信号之比。幅值之比与频率之间的关系称为幅频特征，相位之差与频率之间的关系称为相频特征。

对于最小相位系统，系统的幅频特征和相频特征是一一对应的，因此表示系统的频率特征及频率响应性能指标时，常用幅频特征。

二、检测系统的可靠性技术及其维护措施

随着科学技术的发展，对检测与转换装置的可靠性要求越来越高。通常，检测系统的作用是不仅要提供实时测量数据，而且往往作为整个监控系统中必不可少的重要组成环节直接参与和影响生产过程控制。因此，检测系统一旦出现故障就会导致整个监控系统瘫痪，甚至造成严重的生产事故。特别是对可靠性要求极为敏感的航天、航空及核工业等领域，都要求极其可靠的检测与控制，以便保证安全、正常的工作。为此，必须十分重视检测系统的可靠性。

(一) 检测系统的可靠性指标

可靠性是指在规定的工作条件和工作时间内，检测与转换装置保持原有产品技术性能的能力。

衡量检测系统可靠性的指标有以下 4 个。

(1) 平均无故障时间。(Mean Time Between Failure，MTBF)。MTBF 指检测系统在正常工作条件下开始连续不间断工作，直至因系统本身发生故障而丧失正常工作能力时为止的时间，单位通常为小时或天。

(2) 可信任概率。可信任概率表示在给定时间内检测系统在正常工作条件下保持规定技术指标 (限内) 的概率。

(3) 故障率。故障率也称失效率，它是 MTBF 的倒数。

(4) 有效度。衡量检测系统可靠性的综合指标是有效度，对于排除故障，修复后又可投入正常工作的检测系统，其有效度定义为平均无故障时间与平均无故障时间、平均故障修复时间 (Mean Time To Repair，MTTR) 和的比值。

对于使用者来说，当然希望平均无故障时间尽可能长，同时又希望平均故障修复时间尽可能短，也即有效度的数值越大越好。此值越接近1，检测系统工作越可靠。

以上是检测系统的主要技术指标，此外检测系统还有经济方面的指标，如功耗、价格、使用寿命等。检测系统使用方面的指标有：操作维修是否方便，能否可靠安全运行，以及抗干扰与防护能力的强弱，重量、体积的大小，自动化程度的高低等。

（二）检测系统的现场防护

1. 防尘及防震问题

仪表外部的防尘方法是给仪表罩上防护罩或放在密封箱内。为了减少和防止震动对仪表元件及测量精确度等的影响，通常可以采用下列方法：增设缓冲器或节流器、安装橡皮软垫吸收震动、加入阻尼装置、选用耐震的仪表。

2. 防冻及防热问题

（1）保温对象。保温对象可以分为伴热保温（防冻）对象与绝热保温（防热）对象。

1）伴热保温（防冻）对象。当被测介质通过测量管线传送到变送器时，测量管线内的被测介质在周围环境可能遇到的最低温度时会发生冻结、凝固、析出结晶，或因温度过低而影响测量的准确性。为此，必须对测量管线和仪表保温箱进行防冻处理。

2）绝热保温（防热）对象。当被测介质通过测量管线传送到变送器时，测量管线内的被测介质在较高温度（如阳光直射）下发生气化，这时就应采取防热或绝热保温。

（2）保温方式。按保温设计要求，仪表管线内介质的温度应在 20~80℃，保温箱内的温度宜保持在 15~20℃。为了补偿伴热仪表管线和容器保温箱散发损失的热量，大多采用传统的蒸汽伴热或热水伴热。近年来电伴热技术日趋成熟，并具有独特优点，其将发展成为继蒸汽伴热、热水伴热之后新一代的保温方法。

3. 防腐蚀问题

由于化工介质多半有腐蚀性，所以通常把金属材料与外部介质接触而产生化学作用所引起的破坏称为腐蚀。因此，为了确保仪表的正常运行，必须采取相应的措施来保证仪表精度和使用寿命的要求。

防腐蚀措施如下。

（1）合理选择材料。针对性地选择耐腐蚀金属或非金属材料来制造仪表的零部件，是工业仪表防腐蚀的根本办法。

（2）加保护层。在仪表零件或部件上加制保护层，是工业中十分普遍的防腐蚀方法。

（3）采用隔离液。这是防止腐蚀介质与仪表直接接触的有效方法。

（4）膜片隔离。利用耐腐蚀的膜片将隔离液或填充液与被测介质加以隔离，实现防腐目的。

（5）吹气法。用吹入的空气（或氮气等惰性气体）来隔离被测介质对仪表测量部件的腐蚀作用。

4.防爆问题

（1）仪表防爆的基本原理。爆炸是由于氧化或其他放热反应引起的温度和压力突然升高的一种化学现象，它具有极大的破坏力。产生爆炸的条件包括：氧气（空气）、易爆气体、引爆源。

（2）爆炸性物质和危险场所的划分。在化工、炼油生产工艺装置中，爆炸性物质被分为矿井甲烷、爆炸性气体和蒸汽、爆炸性粉尘和纤维3类。根据可能引爆的最小火花能量的大小、引燃温度的高低再进行分级分组。

爆炸危险场所划分为气体爆炸危险场所和粉尘爆炸危险场所。

（3）防爆措施。仪表防爆就是要尽可能地减少产生爆炸的3个条件同时出现的概率。因此，控制易爆气体和引爆源就是两种最常见的防爆措施。另外，在仪表行业中还有另外一种防爆措施，就是控制爆炸范围。

仪表中常见的3种防爆措施如下。

1）控制易爆气体。人为地在危险场所（把同时具备发生爆炸所需的3个条件的工业现场称为危险场所）营造出一个没有易爆气体的空间，将仪表安装在其中。常用于在线分析仪表的防爆和将计算机、PLC、操作站或其他仪表置于现场的正压型防爆仪表柜。

2）控制爆炸范围。人为地将爆炸限制在一个有限的局部范围内，使该范围内的爆炸不至引起更大范围的爆炸。典型代表为隔爆型防爆方法，该方法的设计与制造规范极其严格，而且安装、接线和维修的操作规程也非常严格。该方法决定了隔爆的电气设备、仪表往往非常笨重，操作时须断电等，但在许多情况下也是控制爆炸范围最有效的办法。

3）控制引爆源。人为地消除引爆源，既消除足以引爆的火花，又消除足以引爆的表面升温，典型代表为本质安全型防爆方法 Exi（Exi 为本质安全型防爆标志）。其工作原理是：利用安全栅技术，将提供给现场仪表的电能量限制在既不能产生足以引爆的火花，又不能产生足以引爆的仪表表面升温的安全范围内。Exia级本质安全设备在正常工作、发生一个故障、发生两个故障时均不会使爆炸性气体混合物发生爆炸。因此，该方法是最安全可靠的防爆方法。

（三）检测系统的抗干扰

测量中来自检测系统内部和外部，影响测量装置或传输环节正常工作和测试结果的各种因素的总和，称为干扰（噪声）。抗干扰技术是检测技术中的一项重要内容，它直接影响测量工作的质量和测量结果的可靠性。因此，测量中必须对各种干扰给予充分的注意，并采取有关的技术措施，把干扰对检测的影响降到最低或容许的限度。

1. 干扰的类型

根据干扰产生的原因，通常将干扰分为以下类型。

（1）电磁干扰。电和磁可以通过电路和磁路对测量仪表产生干扰作用，电场和磁场的变化在检测仪表的有关电路或导线中感应出干扰电压，从而影响检测仪表的正常工作。这种电和磁的干扰对于传感器或各种检测仪表来说是最为普遍、影响最严重的干扰。

（2）机械干扰。机械干扰是指由于机械的振动或冲击，使仪表或装置中的电气元件发生振动、变形，使连接线发生位移，指针发生抖动，仪器接头松动等。对于机械类干扰主要是采取减震措施来解决，最简单的方法是采用减震弹簧、减震软垫、减震橡胶、隔板消震等措施。

（3）热干扰。设备或元器件在工作时产生的热量所引起的温度波动以及环境温度的变化，都会引起仪表和装置的电路元器件的参数发生变化。另外，某些测量装置中因一些条件的变化产生某种附加电动势等，也会影响仪表或装置的正常工作。

对于热干扰，工程上通常采取下列几种方法进行抑制。

1）热屏蔽。把某些对温度比较敏感或电路中关键的元器件和部件，用导热性能良好的金属料做成的屏蔽罩包围起来，使罩内温度场趋于均匀和恒定。

2）恒温法。例如，将石英振荡晶体与基准稳压管等与精度有密切关系的元件置于恒温设备中。

3）对称平衡结构。采用差分放大电路、电桥电路等，使两个与温度有关的元件处于对称平衡的电路结构两侧，使温度对两者的影响在输出端互相抵消。

4）温度补偿。采用温度补偿元件以补偿环境温度的变化对电子元件或装置的影响。

（4）光干扰。在检测仪表中广泛使用各种半导体元件，但半导体元件在光的作用下会改变其导电性能，产生电动势与引起阻值变化，从而影响检测仪表正常工作。因此，半导体元器件应封装在不透光的壳体内，对于具有光敏作用的元件，尤其应注意光的屏蔽问题。

（5）湿度干扰。湿度增加会引起绝缘体的绝缘电阻下降，漏电流增加；电介质的介电系数增加，电容量增加；吸潮后骨架膨胀使线圈阻值增加，电感器变化；应变片粘贴后，胶质变软，精度下降等。通常采取的措施是：避免将其放在潮湿处；仪器装置定时通电加热去潮；电子器件和印刷电路浸漆或用环氧树脂封灌等。

（6）化学干扰。酸、碱、盐等化学物品以及其他腐蚀性气体，除了其化学腐蚀性作用将损坏仪器设备和元器件外，还能与金属导体产生化学电动势，从而影响仪器设备的正常工作。因此，必须根据使用环境对仪器设备采取必要的防腐措施，将关键的元器件密封并保持仪器设备清洁干净。

（7）射线辐射干扰。核辐射可产生很强的电磁波，射线会使气体电离，使金属逸出电子，从而影响到电测装置的正常工作。射线辐射的防护是一种专门的技术，主要用于原子能工业等方面。

2. 抑制电磁干扰的措施

为了保证测量系统正常工作，必须削弱和防止干扰的影响，如消除或抑制干扰源、破坏干扰途径以及削弱被干扰对象（接收电路）对干扰的敏感性等。在检测系统中，抑制电磁干扰的常用方法如下。

（1）接地技术。接地技术也是一种有效的抗干扰技术。接地技术不仅保护了设备和人身安全，而且成为抑制干扰、保证系统稳定可靠的关键技术。

接地的目的有：安全的需要，对信号电压有一个基准电压的需要、静电屏蔽的需要、抑制干扰噪声的需要。接地一般有两种含义：①连接到系统基准地；②连接到大地。

连接到系统基准地，是指各个电路部分通过低电阻导体与电气设备的金属底板或金属外壳实施的连接。而电气设备的金属底板或金属外壳并不连接到大地。

连接到大地，是指将电气设备的金属底板或金属外壳通过低电阻导体与大地实施的连接。

针对不同的情况和目的，可采用公共基准电位接地、抑制干扰接地、安全保护接地等方式。

1）公共基准电位接地。测量与控制电路中的基准电位是各回路工作的参考电位，该参考电位通常选用电路中直流电源（当电路系统中有两个以上电源时，则其中一个为直流电源）的零电压端。该参考电位与大地的连接方式有直接接地、悬浮接地、一点接地、多点接地等，可根据不同情况组合采用，以达到所要求的目的。

第一，直接接地。直接接地适用于大规模的或高速高频的电路系统。因为大规模的电路系统对地分布电容较大，只要合理地选择接地位置，直接接地可消除分布电容构成的公共阻抗耦合，有效地抑制噪声，并同时起到安全接地的作用。

第二，悬浮接地（简称浮地）。"悬浮"，意即"浮"于共模电压上，无论共模电压大小如何，它只测量输入的常模电压数值。悬浮接地的优点是不受大地电流的影响，内部器件不会因高电压感应而击穿。

第三，一点接地。一点接地有串联式（干线式）和并联式接地两种方式。正确的接地布线原则是确定一个点作为系统的模拟参考点，所有的接地点均应只用印刷板铝箔或只用导线接到这一点上。

第四，多点接地。在大型的数字系统中，要使所有的模拟信号都接到单一的公共点上，就会使接地地线太长。为缩短接地地线长度，减少高频时的接地电阻，可采用多点接地的方式。

2）抑制干扰和安全保护接地。当电气设备的绝缘因机械损伤、过电压等原因被破坏，或无损坏但处于强电磁环境时，电气设备的金属外壳、操作手柄等部分会出现相当高的对地电压，会危及操作人员的安全。将电气设备的金属底板或金属外壳与大地连接，可消除触电危险。在进行安全接地连接时，要保证较小的接地电阻和可靠的连接方式，另外要坚持独立接地，也就是将地线通过专门的低阻导线与近处的大地进行连接。同时，将电气设备的某些部分与大地连接，以起到抑制干扰和噪声的作用。

抑制干扰接地从连接方式上讲，有部分接地和全部接地、一点接地和多点接地、直接接地和悬浮接地等类型，具体选哪种接地形式，常常无法用理论分析得出，可做一些模拟实验，以便设计制造时参考。

（2）屏蔽技术。利用铜或铝等低电阻材料制成的容器将需要防护的部分包起来，或者利用导磁性良好的铁磁材料制成的容器将需要防护的部分包起来，此种防止静电或电磁的相互感应所采用的技术措施称为屏蔽。屏蔽的目的就是隔断场的耦合通道。

1）静电屏蔽。在静电场作用下，导体内部无电力线，即各点等电位。静电屏蔽就是利用了与大地相连接的导电性良好的金属容器，使其内部的电力线不外传，同时，外部的电力线也不影响其内部。

使用静电屏蔽技术时，应注意屏蔽体必须接地，否则虽然导体内无电力线，但导体外仍有电力线，导体仍会受到影响，起不到静电屏蔽的作用。

静电屏蔽能防止静电场的影响，用它可消除或削弱两电路之间由于寄生分布电容耦合而产生的干扰。

在电源变压器的原边与副边绕组之间插入一个梳齿形导体并将它接地，以此来防止两绕组间的静电耦合，就是静电屏蔽的范例。

2）电磁屏蔽。电磁屏蔽是采用导电良好的金属材料制成屏蔽层的。利用高频干扰电磁场在屏蔽金属内产生的涡流，再利用涡流磁场抵消高频干扰磁场的影响，从而达到防止高频电磁场的影响。

电磁屏蔽依靠涡流产生作用，因此必须用良导体（如铜、铝等）制成屏蔽层。考虑到高频趋肤效应，高频涡流仅在屏蔽层表面一层，因此屏蔽层的厚度只需考虑机械强度。若将电磁屏蔽接地，则同时兼有静电屏蔽的作用。也就是说，用导电良好的金属材料制成的接地电磁屏蔽层，同时起到电磁屏蔽和静电屏蔽两种作用。

3）低频磁屏蔽。电磁屏蔽对低频磁场干扰的屏蔽效果是很差的，因此在低频磁场受干扰时，要采用高导磁材料作屏蔽层，以便将干扰限制在磁阻很小的磁屏蔽体的内部，起到抗干扰的作用。为了有效地屏蔽低频磁场，屏蔽材料要选用坡莫合金之类的，具有高磁导率的材料，来减少磁阻。

（3）浮置。浮置又称为浮空、浮接。它是指测量仪表的输入信号放大器公共线不接机壳也不接大地的一种抑制干扰的措施。浮空的目的是阻断干扰电流的通路。浮空后，检测电路的公共线与大地（或机壳）之间的阻抗很大，因此，浮空与接地相比对共模干扰的抑制能力更强。

浮置与屏蔽接地相反，是阻断干扰电流的通路。测量系统被浮置后，明显地加大了系统的信号放大器公共线与大地（或外壳）之间的阻抗，因此，浮置能大大减小共模干扰电流。但浮置不是绝对的，不可能做到完全浮空。其原因是信号放大器公共线与地（或外壳）之间，虽然电阻值很大，可以减小电阻性漏电流干扰，但是它们之间仍然存在着寄生电容，即电容性漏电流干扰仍然存在。

（4）滤波。滤波是一种只允许某一频带范围内的信号通过或只阻止某一频带范围内信号通过的抑制干扰的措施之一。采用滤波器抑制干扰是最有效的手段之一，特别是对抑制经导线耦合到电路中的干扰，它是一种被广泛采用的方法。它可以根据信号及噪声频率分布范围，将相应频带的滤波器接入信号传输通道中，滤去或尽可能衰减噪声，达到提高信噪比、抑制干扰的目的。

滤波方式可分为两类：①模拟滤波。模拟滤波的实现有无源滤波器和有源滤波器两种，它应用于信号滤波和电源滤波。②数字滤波。数字滤波是依靠相应的软件程序来实现的，它主要用于信号滤波。

在电测装置中广泛使用的几个滤波器有交流电源进线的对称滤波器、直流电源输出的滤波器和去耦滤波器等。

（5）平衡电路。平衡电路又称对称电路，它是指双线电路中的两根导线与连接到导线的所有电路，对地或对电桥平衡电路其他导线，电路结构对称，对应阻抗相等，从而使对称电路所检测到的噪声大小相等、方向相反，在负载上自行抵消。

第四章　生产装置安全检测技术

在石油、化工、冶金、煤炭等生产部门，为了确保安全生产，改善劳动条件，提高劳动生产率，要求对生产装置进行实时、准确的检测，对环境参数实施有效的控制，逐步发展和形成了以检测技术为核心的安全检测监控技术。本章主要探索生产装置的超声波检测技术、生产装置的射线检测技术、生产装置的磁粉检测技术、生产装置的红外检测技术。

第一节　生产装置的超声波检测技术

超声波是一种频率很高的机械波，能在气体、液体、固体中传播。它的特点是频率高（可高达 10^9 Hz），因此波长短，绕射现象小，最明显的一个特征是方向性好，能够作为射线而定向传播。超声波在液体、固体中的衰减很小，所以它的穿透力很强，尤其是在对光不透明的固体中，超声波能穿透几十米的长度，碰到杂质成分界面就会有显著的反射。

当超声波在被检测材料中传播时，材料的声学特性和内部组织的变化会对超声波的传播产生一定的影响。通过对超声波受影响程度和状况的探测，了解材料性能和结构变化的技术称为超声波检测技术。目前，超声波检测技术已被广泛地应用于生产装置的安全检测中。

一、超声波检测的认知

（1）超声波的产生与接收。超声波的产生是把电能转变为超声能的过程，它利用的是压电材料的逆压电效应，目前在超声波检测中普遍应用的产生超声波的方法是压电法。压电法利用压电材料施加交变电压，它将发生交替的压缩或拉伸，由此而产生振动，振动的频率与交变电压的频率相同。当施加在压电晶体上的交变电压频率在超声波频率范围内时，产生的振动就是超声波振动。如果把这种振动耦合到弹性介质中，那么在弹性介质中传播的波就是超声波。

超声波的接收是把超声能转变为电能的过程，它利用的是压电材料的压电效应。由于压电材料同时具有压电效应和逆压电效应的特性，因此，在超声波检测中所用的单个探头，一方面用于发射超声波，另一方面用于接收从界面、缺陷返回的超声波。

（2）超声波的种类。超声波在介质中传播有不同的方式，波型不同，其振动方式不同，传播速度也不同。空气中传播的声波只有疏密波，声波的介质质点的振动方向与传播方向一致，叫作纵波。可在固体介质中传播的波除了纵波外还有剪切波，又叫横波。此外，还有在固体介质的表面传播的表面波和薄板中传播的板波。在超声波检测中，直探头产生的是纵波，斜探头产生的是横波。

（3）波速。声波在介质中是以一定速度传播的，在空气中的声速为340m/s，水中的声速为1500m/s，钢中纵波的声速为5900m/s，横波的声速为3230m/s，表面波的声速为3007m/s。声速是由传播介质的弹性系数、密度以及声波的种类决定的，它与频率和晶片没有关系。横波的声速大约是纵波声速的一半，而表面波声速大约是横波的0.9倍。

（4）波的透射、反射与折射。当超声波从一种介质传播到另一种介质时，若垂直入射，则只有反射和透射。反射波与透射波的比率取决于两种介质的声阻抗。例如，当钢中的超声波传到底面遇到空气界面时，由于空气与钢的声速和密度相差很大，超声波在界面上接近100%的声波能被反射，几乎完全不会传到空气中（只传出来约0.002%），而钢同水接触时，则有88%的声能被反射，有12%的声能穿透进入水中。计算声压反射率 R 和声压透射率 D 的公式为：

$$R = \frac{Z_2 - Z_1}{Z_2 + Z_1} \tag{4-1}$$

$$D = \frac{2Z_2}{Z_2 + Z_1} \tag{4-2}$$

Z_1、Z_2 为两种介质的声阻抗。当倾斜入射时，除反射外，投射波会发生折射现象，同时伴随有波形转换。假如介质为液体、气体时，反射波和折射波只有纵波。

斜探头接触钢件时，因为两者都是固体，所以反射波和折射波都存在纵波和横波。

二、超声波检测的优点与局限

（一）超声波检测的优点

"在无损检测领域中，超声技术是应用发展速度较快并且使用频率最高的检测技术。"[1] 超声波检测有很多优点，具体如下。

（1）适应范围广。无论是金属、非金属，还是复合材料都可应用超声波进行无损检测。

（2）不会对工件造成损坏。施加给工件的超声强度低，最大作用应力远低于弹性极限，不会对工件使用造成任何影响。

（3）仅需从一侧接近被检工件，便于形状复杂工件的检测。

（4）穿透能力强、灵敏度高。能够检验极厚部件，不适宜检验较薄的工件，能够检出微小、不连续性缺陷，对面积型缺陷的检出率较高，而对体积型缺陷的检出率较低。

（5）对确定内部缺陷的大小、位置、取向、埋深、性质等参量较之其他无损检测方法有综合优势。

（6）检验成本低、速度快，能快速自动检测。

（7）检测仪器体积小，质量轻，现场使用较方便。

（8）对人体及环境无害。

正是由于超声波检测技术具有设备简单、成本低、检测灵敏度高且对人体无害等特点，因此它适合在多种工况下工作。随着科学技术的发展和计算机技术的普遍应用，现代的超声波检测仪器能够实现各种功能，如检测结果的记录与存储、对数据结果的自动分析、计算缺陷的位置等。超声波检测技术已成为生产装置安全检测中应用最为广泛的方法之一。

(二) 超声波检测的局限

超声波检测技术也有一定的局限性。检测条件会限制超声技术的应用，特别在涉及以下因素之一时：

（1）试件的几何形状（尺寸、外形、表面粗糙度、复杂性及不连续性取向）不适合；

（2）不良的内部组织（晶粒尺寸、结构孔隙、夹杂物含量或细小弥散的沉淀物）。

三、超声波检测的方法及注意事项

(一) 超声波检测的方法

超声波检测有许多不同的分类方法。常用的超声波检测方法有：脉冲反射法、

---

[1] 李雨成，刘尹霞，毕秋苹. 安全检测技术 [M]. 徐州：中国矿业大学出版社，2018：157.

共振法、穿透法、接触法和液浸法。

（1）脉冲反射法。脉冲反射法是目前应用最为广泛的一种超声波检测法。它的探伤原理是：将具有一定持续时间和一定频率间隔的超声脉冲发射到被测工件上，当超声波在工件内部遇到缺陷时，就会产生反射，根据反射信号的时差变化及在显示器上的位置就可以判断缺陷的大小及深度。该方法的突出优点是通过改变入射角的方法，可以发现不同位置的缺陷；利用表面波可以检测复杂形状的表面缺陷；利用板波可以对薄板缺陷进行探伤。脉冲反射法又包括缺陷回波法、底波高度法和多次底波法。

（2）共振法。若某一频率可调的声波在被测工件内传播，当工件的厚度是超声波的半波长的整数倍时，将引起共振，检测仪器会显示出共振频率。利用相邻的两个共振频率之差，按下式可计算出被测工件的厚度（δ）：

$$\delta = \frac{\lambda}{2} = \frac{c}{2f_0} = \frac{c}{2\left(f_m - f_{m-1}\right)} \tag{4-3}$$

式中：f_0——工件的固有频率；

f_m、f_{m-1}——相临两共振频率；

c——被检工件的声速；

λ——波长；

δ——工件厚度。

因此，共振法就是指当工件内存在缺陷或工件厚度发生变化时，工件的共振频率将发生改变。依据工件的共振性来判断缺陷情况和工件的厚度变化情况的方法被称为共振法。

共振法设备简单，测量精确，常用于壁厚测量。此外，若工件中存在较大的缺陷或当工件厚度改变时，将导致共振现象消失或共振点偏移，可利用此现象检测复合材料的胶合质量、板材点焊质量、均匀腐蚀量和板材内部夹层等缺陷。

（3）穿透法。穿透法又叫透射法，它是根据脉冲波穿透工件后的能量变化来判断工件缺陷情况的。穿透法检测既可以用连续波，也可以用脉冲波，常使用两个探头，分别用于发射和接收超声波，这两个探头被放置在工件两侧。若工件内无缺陷，超声波穿透工件后衰减较小，接收到的超声波较强；若超声波在传播的路径中存在缺陷，则超声波在缺陷处就会发生反射或折射，并部分或完全阻止超声波到达接收探头。这样，根据接收到超声波能量的大小就可以判断缺陷位置及大小。

穿透法的优点是适于探测较薄工件的缺陷和检测超声衰减大的匀质材料工件；设备简单，操作容易，检测速度快；对形状简单、批量较大的工件容易实现连续自动检测。

穿透法的缺点是不能探测缺陷的深度；不能检测小缺陷，探伤灵敏度较低；对发射探头和接收探头的位置要求较高。穿透检测法灵敏度低，也不能对缺陷定位。

（4）接触法。接触法就是利用探头与工件表面之间的一层薄的耦合剂直接接触进行探伤的方法。耦合剂主要起传递超声波能量的作用。耦合剂要求具有较高的声阻抗且透声性能好，一般为油类，如硅油、甘油、机油。接触法操作方便，但对被检工件表面粗糙度要求较严格。直探头和斜探头（包括横波、表面波、板波）都可采用接触法。

（5）液浸法。液浸法就是将探头与工件全部浸入液体，或将探头与工件之间局部充以液体进行探伤的方法。液体一般用水，故又称水浸法。用液浸法纵波探伤时，当超声束达到液体与工件的界面时会产生界面波。由于水中声速是钢中声速的1/4，声波从水中入射钢件时，产生折射后波束变宽。为了提高检测灵敏度，常用聚焦探头。

液浸法还适用于横波、表面波和板波检测。由于探头不直接与工件接触，易于实现自动化检测，提高了检测速度，也适用于检测表面粗糙的工件。

另外，超声波检测方法还可按所采用的波形分为纵波法、横波法、表面波法、板波法和爬波法；还可按所采用探头数目分为单探头法、双探头法和多探头法。

（二）超声波探伤仪

超声波探伤仪种类很多，按超声波的连续性分为脉冲波探伤仪、连续波探伤仪、共振式连续探伤仪、调频式连续探伤仪；按缺陷的显示方式分为 A 型显示探伤仪、B 型显示探伤仪、C 型显示探伤仪、直接成像探伤仪；按通道分为单通道探伤仪和多通道探伤仪。

（1）A 型显示探伤仪。A 型显示探伤仪可使用一个探头兼作收发，也可使用两个探头，一发一收，使用的波型可以是纵波、横波、表面波和板波。多功能的 A 型显示探伤仪还有一系列附加电路系统，如时间标距电路、自动报警电路、闸门选择电路、延迟电路等。

（2）B 型显示探伤仪。在 A 型显示探伤中，横轴为时间轴，纵轴为信号强度。若将探头移动距离作横轴，探伤深度作纵轴，可绘制出探伤体的纵截面图形，这种方式称为 B 型显示方式。在 B 型显示中，显示的是与扫描声束相平行的缺陷截面。

B 型显示不能描述缺陷在深度方向的扩展。当缺陷较大时，大缺陷后面的小缺陷的底面反射也不能被记录。

若将一系列小的晶片排列成阵，并依次通过电子切换来代替探头的移动，即为移相控制式或相控阵式探头，它们被广泛用于 B 型扫描显示和一些其他扫描方法中。

近年来，B型扫描显示已经在电脑式探伤仪中通过B型扫描程序得以实现。

（3）C型显示探伤仪。C型显示探伤仪使探头在工件上纵横交替扫查，把在探伤距离特定范围内的反射作为辉度变化并连续显示，可绘制出工件内部缺陷的横截面图形。这个截面与扫描声束相垂直。示波管荧光屏上的纵、横坐标，分别代表工件表面的纵、横坐标。

若将B型显示和C型显示两者结合起来，便可同时显示被检测部位的侧面图和顶视图，此种方法被称为复二维显示方式。在复二维显示中，常用多笔放电式记录仪描绘图形。

近年来，微机控制和由微机进行数据采集、存储、处理、显示的超声C型扫描技术发展很快，并且得到了广泛的应用。特别是在高灵敏度检测试验中，如集成电路接点的焊接试验，高强度陶瓷和粉末冶金材料中微裂纹的检测，电子束焊缝和扩散焊接的检测，复合材料层裂的检测，其他要求较高的管材、棒材、涡轮盘和零部件的检测等，用微机C扫描系统可以检测到40μm直径或宽度的裂纹。对于高性能工业陶瓷，已可检测到10μm宽度的裂纹。实现C扫描的方法主要有探头阵列电子扫描法（如使用128个晶片阵列的相控阵法）和机械法。

（4）连续波探伤仪。对时间而言，连续波探伤仪发射的是连续的且频率不变（或在小范围内周期性频率微调）的超声波。其结构比脉冲波探伤仪简单，主要由振荡器、放大器、指示器和探头组成。检测灵敏度较低，可用于某些非金属材料检测。

（5）调频波探伤仪。对时间而言，调频波探伤仪周期性地发射连续的频率可调的超声波，其工作原理与调频雷达类似，主要由调频器、振荡器、混频器、低频放大器和探头组成，由电表、耳机、喇叭或频率计指示。当调频波进入工件并有缺陷返回后，其反射波与发射波的频率不同，经过混频器输出二者的差频，由指示器显示。

（三）超声波检测技术的注意事项

（1）检测条件的选择。在进行超声波检测之前，应了解被检工件的材料特性、外形结构和检测技术要求；熟悉工件在加工的各个过程中可能产生的缺陷和部位，以作为分析缺陷性质的依据。

（2）检测仪的选择。超声波检测仪是超声波检测的主要设备。目前国内外检测仪种类繁多，性能也各不相同。使用时应优先选用性能稳定、重复性好、可靠性高的仪器。此外，检测前也应根据探测要求和现场条件来选择检测仪，具体如下。

1）对于定位要求高的情况，应选择水平线性误差小的仪器。

2）对于定量要求高的情况，应选择垂直线性好、衰减器精度高的仪器。

3）对于大型零件的检测，应选择灵敏余量低、信噪比高、功率大的仪器。

4）为了有效地发现表面缺陷和区分相邻缺陷，应选择盲区小、分辨率好的仪器。

5）对于室外现场检测，应选择重量轻、荧光屏亮度好、抗干扰能力强的便携式检测仪。

（3）探头的选择。根据检测目的和技术条件选择合适的探头，从探头的形式、探头的频率以及探头的晶片尺寸3个方面选择。

在选择探头频率时应注意：对同种材料而言，频率越高，超声衰减越大；对同一频率而言，晶粒越粗，衰减越大。对于细晶粒材料，选用较高频率可提高检测灵敏度，因为频率高，波长短，检测小缺陷的能力强，同时频率越高，指向性越好，可提高分辨力，并能提高缺陷的定位精度。但是，提高频率会降低穿透能力和增大衰减，因此，对粗晶和不致密材料及厚度大的工件，应选用较低的探测频率。

（4）检测方法和耦合剂的选择。应针对工件的具体情况选择适合的检测方法，常用的检测方法有：脉冲反射法、共振法、穿透法、接触法和液浸法。

探头与试件的耦合方式有：液体耦合、空气耦合等。另外，在一些特殊条件（如高温）下，还需要选择特殊的耦合剂。对于应用最多的液体耦合，影响声耦合的主要因素有：耦合层厚度、表面粗糙度、声阻抗、工件表面形状等。

四、生产装置的超声波检测

超声波检测技术适用于各种尺寸的锻件、轧制件、焊缝和某些铸件、各种机械零件、结构件、电站设备、船体、锅炉、压力容器和化工容器、非金属材料等的检测。

在设备的定期检验过程中采用超声波检测技术，主要是检测设备构件内部及表面缺陷，或用于压力容器、管道壁厚的测量等，能有效地发现对接焊缝内部隐藏的缺陷和压力容器焊缝内表面的裂纹，而且可测出焊缝内缺陷的自身高度，这些对设备检验中缺陷的安全评定是必不可少的。由于超声波探伤仪体积小、质量轻，便于携带和操作，因此在生产装置安全检测中得到了广泛使用。

（一）钢壳与模具的超声波检测

大型结构部件钢壳和各种不同尺寸的模具均为锻件。锻件探伤采用脉冲反射法，除奥氏体钢外，一般晶粒较细，探测频率多为2～5MHz，质量要求高的可用10MHz。锻件通常采用接触法探伤，用机油作耦合剂，也可采用水浸法。在锻件中缺陷的方向一般与锻压方向垂直，因此，应以锻压面作主要探测面。锻件中的缺陷主要有折叠、夹层、中心疏松、缩孔和锻造裂纹等。钢壳和模具探伤以直探头纵波检测为主，以横波斜探头作辅助探测。但对于筒头模具的圆柱面和球面壳体，则应以斜探头为主。为了获得良好的声耦合，斜探头楔块应磨制成与工件相同曲率。钢壳的腰部带有异型法兰环，当用直探头探测时，在正常情况下不出现底波，若有裂纹等缺陷存在，便会有缺陷波出现。

(二) 小型压力容器壳体的超声波检测

小型压力容器壳体是由低碳不锈钢锻造成型的，经机械加工后成半球壳状。对此类锻件进行超声波探伤，通常以斜探头横波探伤为主，辅以表面波探头检测表面缺陷。对于壁厚 3mm 以下的薄壁壳体可只用表面波法检测。

探伤前必须将斜探头楔块磨制成与工件相同曲率的球面，以利于声耦合，但磨制后的超声波束不能带有杂波。通常使用易于磨制的塑料外壳环氧树脂小型 K 值斜探头，K 值可选，范围为 1.5～2，频率为 2.5～5MHz。探伤时采用接触法，用机油耦合。

探伤操作时，探头一方面沿经线上下移动，另一方面沿纬线绕周长水平移动一周，使声束扫描线覆盖整个球壳。在扫查过程中通常没有底波，但遇到裂纹时会出现缺陷波。可以制作带有人工缺陷、与工件相同的模拟件调试灵敏度。

如果采用水浸法和聚焦探头检测，可避免探头的磨制加工。但要采用专用的球面回转装置，使工件和探头在相对运动中完成声束对整个球壳的扫描。

(三) 复合构件的超声波检测

某些结构件是将两种材料黏合在一起形成的复合材料。复合材料黏合质量的检测，主要有脉冲反射法、脉冲穿透法和共振法。

两层材料复合时，黏合层中的分层 (黏合不良) 多与板材表面平行，用脉冲反射法检测是一种有效的方法。用纵波检测时，若两种材料的声阻抗相同或相近，且黏合质量良好，产生的界面波很低，底波幅度较高。当黏合不良时，界面波较高，而底波较低或消失。若两种材料的声阻相差较大，在复合良好时界面波较高，底波较低。当黏合不良时，界面波更高，底波很低或消失。

当第一层复合材料很薄，在仪器盲区范围内时，界面波不能显示。这时黏合质量的好坏主要用底波进行判别。一般说来黏合良好时有底波，黏合不良时无底波。但第二层材料对超声衰减大时，也可能无底波。

当第二层复合材料很薄时，界面波与底波相邻或重合，对于很薄的复合材料，也可用双探头法检测。如用横波检测，可用两个斜探头一发一收，调整两探头的位置，使接收探头能收到黏合不良的界面波。

若采用脉冲穿透法，两个探头分放在复合材料的两个相对面，一发一收。当黏合良好时，接收的超声能量大，否则声能减小。此法特别适于检测声阻抗不同的多层复合材料。

共振法适于检测声阻抗相近的复合材料。黏合良好时，测得的厚度为两层之和；黏合不好时，只能测得第一层的厚度。可以使用共振式超声测厚仪进行检测。

(四) 结构件焊缝的超声波检测

在科研生产过程中，经常遇到焊接结构件，如试验筒体、大型测试钢架、焊接容器和壳体等。焊缝形式有对接、角接、搭接、丁字接和接管焊缝等。超声波检测常遇到的缺陷有气孔、夹渣、未熔合、未焊透和焊接裂纹等。

焊缝探伤主要用斜探头 (横波)，有时也可使用直探头 (纵波)。探测频率通常为 2.5 ~ 5MHz。探头角度的选择主要依据工件厚度。在缺陷定位计算中，可以使用探头折射角的正弦和余弦，也可使用正切值，它等于探头入射点至缺陷的水平距离与缺陷至工作表面垂直距离之比。一般说来，板材厚度小时选用 K 值大的探头，板材厚度大时选用 K 值小的探头。仪器灵敏度调整和探头性能测试应在相应的标准试件上进行。

例如：某化工厂采用超声波检测技术，对由 16MnR 材质制造、壁厚24mm、工作压力 12.6MPa、工作介质为压缩氨气、−5℃低温条件下工作的多台压力容器进行无损检测。主要针对压力容器的焊缝缺陷进行检测。

超声波探伤是压力容器焊接质量控制中的一种有效的检验技术方法。通过熟练掌握超声波无损检测技术能检测出压力容器焊接接头补焊焊道中的隐藏缺陷，并且具有指向性较强、灵敏度高、探测可靠性较高、探测效率高、成本低和设备轻便等特点。

(五) 港口集装箱龙门桥吊缺陷的超声波检测

港口龙门桥吊是用于起吊集装箱从岸上到船或从船上到岸的可延伸、可行走的起重机。港口龙门桥吊主要采用钢板、钢管、法兰盘等进行焊接和拼装而成。主要件之间的连接采用焊接与法兰盘螺栓连接相结合，有的也采用焊接方式进行连接。由于受工作环境、运行情况以及本身结构状态的限制，对每条主要焊缝的质量要求都非常严格。

采用超声波检测技术对法兰盘与主梁焊接连接处的焊缝缺陷、盘管焊缝缺陷、吊机上行车行驶轨道对接焊缝缺陷进行检测，能够及时发现隐患，预防重大事故的发生。

第二节　生产装置的射线检测技术

一、射线检测技术的特点与局限

利用射线（X射线、γ射线、中子射线等）穿过材料或工件时的强度衰减，检测其内部结构不连续性的技术称为射线检测。它是利用各种射线源对材料的透射性能及不同材料的射线的衰减程度的不同，使底片感光成黑度不同的图像来观察的。射线用来检测产品的气孔、夹渣、铸造孔洞等立体缺陷。当裂纹方向与射线平行时就能被检查出来。"射线检测结果能够非常直观地显示出材料及其构件缺陷和不连续性的大小、分布、性质，在工业领域得到广泛应用，在某些重要领域具有不可替代性。"[①]

射线检测是生产装置安全检测的一个重要方法，由于具有可自我监控检测工件质量和检测技术正确性的特性，因此在现代工业生产中得到了广泛的应用。

（一）射线检测技术的特点

射线检测诊断使用的射线主要是X射线、γ射线和其他射线。射线检测诊断成像技术主要有实时成像技术、背散射成像技术、CT技术等。该技术的主要优点如下。

（1）几乎适用于所有材料，而且对试件形状及其表面粗糙度均无特别要求。对于厚度为0.5mm的钢板等，均可检查其内部质量。

（2）能直观地显示缺陷影像，便于对缺陷进行定性、定量与定位分析。

（3）射线底片也就是检测结果可作为档案资料长期保存备查，便于分析事故原因。

（4）对被测物体无破坏、无污染。

（5）检测技术和检测工件质量可以自我监测。

（二）射线检测技术的局限

（1）射线在穿透物质的过程中因被吸收和散射而衰减，使得可检查的工件厚度受到制约。

（2）难以发现垂直射线方向的薄层缺陷，当裂纹面与射线近于垂直时就很难检查出来。

（3）对工件中平面型缺陷（裂纹未熔合等缺陷）也具有一定的检测灵敏度，但与其他常用的无损检测技术相比，对微小裂纹的检测灵敏度较低。

（4）检测费用较高，其检验周期也较其他无损检测技术长。

---

① 邬冠华，熊鸿建.中国射线检测技术现状及研究进展 [J].仪器仪表学报，2016，37（8）：1683-1695.

（5）射线对人体有害，需作特殊防护。

二、射线检测的方法与设备

各种射线检测方法的基本原理都是相同的，都是利用射线通过物质时的衰减规律，即当射线通过被检物质时，由于射线与物质的相互作用，发生吸收和散射而衰减。衰减程度根据其被通过部位的材质、厚度和存在缺陷的性质不同而异。因此，可以通过检测透过被检物体后的射线强度的差异来判断物体中是否存在缺陷。通过一定方式将不均匀的射线强度进行照相或转变为电信号指示、记录或显示，就可以评定被检测试件的内部质量，达到无损检测的目的。

（一）射线检测的方法

射线检测的方法主要有透视照相法、电离检测法、荧光屏观察法、电视观察法以及工业射线 CT（计算机层析成像）法等。

1.照相法

照相法是指将射线感光材料（通常用射线胶片）放在被透照试件的后面接受来自透过试件后不同强度分布的射线。因为射线强度与胶片乳剂的摄影作用在正常条件下成正比，所以胶片在射线作用下形成潜影，经暗室处理后，就会显示出物体的结构图像。根据底片上影像的形状及其黑度的不均匀程度，就可以评定被检测试件中有无缺陷及缺陷的性质、形状、大小和位置。

照相法的优点是灵敏度高、直观、可靠、重复性好，是射线检测法中应用最广的一种常规方法。

由于生产和科研的需要，有时还用放大照相法和闪光照相法来弥补常规照相法的不足。

2.电离检测法

X 射线通过气体时，撞击气体分子，使其中某些原子因失去电子而变成离子，同时产生电离电流。如果让穿过工件的射线再通过电离室，那么在电离室内便产生电离电流。不同的射线强度穿过电离室后产生的电离电流也不相同。电离检测法就是利用测定电离电流的方法来测定 X 射线强度的，根据射线强度的不同可以判断工件内部质量的变化。检测时，可用探头（即电离室）接收射线，并转换为电信号，经放大后输出。

电离检测法的特点是：能对产品进行连续检测，便于自动化操作，可采用多探头，效率高，成本低。但它只适用于形状简单、表面平整的工件，在一般情况下对缺陷性质判别较困难。因此，在探伤方面应用并不广泛，但可研制成各种专用的检测设备，如用于自动检查子弹壳的X射线装置。该装置由德国塞福特公司研制，用于分选子弹壳，每小时可检测的子弹壳达7200个。X射线束通过铅制狭缝后，透过子弹壳的X射线由探头接收。探头采用闪烁探测器，由碘化钠晶体和光电倍增管组成。当遇到子弹壳壁有缺陷时，则壁厚变薄，探头便输出一个较强的电信号，触发分选机构，从而自动将废品分选出来。

3. 荧光屏观察法

荧光屏观察法是将透过被检测物体后的不同强度的射线投射在涂有荧光物质的荧光屏上，激发出不同强度的荧光来，成为可见影像，从荧光屏上直接辨认缺陷。它所看到的缺陷影像与照相法在底片上所得到的影像黑度相反。

荧光屏观察法的相对灵敏度大约为7%。它具有成本低、效率高、可连续检测等优点，适用于形状简单、要求不是很高的产品。近年，对此装置进一步采用了电子聚焦荧光辉度倍增管配合小焦点的X光机，使荧光屏的亮度、清晰度有所增加，灵敏度达2%～3%。在荧光屏上观察时，为了减少直射X射线对人体的影响，在荧光屏后用一定厚度的铅玻璃吸收X射线，并将图像再经过45°的二次反射后进行观察。从荧光屏上观察到的缺陷，如需要备查时，可用照相或录像法将其摄录下来。

4. 电视观察法

电视观察法是荧光屏直接观察法的发展，实际上就是将荧光屏上的可见影像通过光电倍增管增强，再通过电视设备进行显示。电视观察法的自动化程度高，而且无论静态或动态情况都可进行观察，但检测灵敏度比照相法低，对形状复杂的零件检查也比较困难。

5. 工业射线CT法

射线照相一般仅能提供定性信息，不能用于测定结构尺寸、缺陷方向和大小。它还存在三维物体二维成像、前后缺陷重叠的缺点。CT技术是断层照相技术，又称计算机层析成像技术，它根据物体横断面的一组投影数据，经过计算机处理后，得到物体横断面的图像。所以，它是一种由数据到图像的重建技术。它比射线照相法能更快、更精确地检测出材料和构件内部的细微变化，消除了照相法可能导致的检查失真和图像重叠，并且大大提高了空间分辨力和密度分辨力。

射线CT装置结构主要由射线源和接收检测器两大部分组成。射线源一般是高能X射线或y射线源，射线透过工件后被辐射探测器接收，检测器信号经过处理后通过接口送入计算机。测量时工件步进旋转，得到一系列投影数据，由计算机重建成剖面或立体图像。

射线CT装置的工作原理是，射线源与检测接收器固定在同一扫描机架上，同步地对被检物体进行联动扫描。在一次扫描结束后，机器转动一个角度，再进行下一次扫描，如此反复下去，即可采集到若干组数据。将这些信息综合处理后，便可获得被检物体某一断面（横截面）的真实图像。

（二）射线检测的设备

现代工业射线照相检测设备器材主要由射线源、胶片和金属增感屏组成。

过程设备的射线检测对象主要是材质、壁厚、形状和尺寸不同的容器和管子的对接接头、对接焊缝和其他形式接头，T形和角接接头则需特殊的透照技术。为保证过程设备的制造质量和安全使用，在制造阶段就要根据容器的结构特点，选用适当的射线设备、器材、几何布置和曝光条件，对被检焊缝进行透照检查。为保证检测结果的有效性和可靠性，通常要对射线透照工艺和透照质量进行适当控制。只有自身质量符合要求的射线底片，才有条件按标准对焊接质量进行评定和验收。

三、生产装置的射线检测

射线探伤已经是一门比较成熟的检测技术，在生产装置的无损检测中占有重要的地位，主要用于检测设备内部的宏观几何缺陷，而且适用于任何材料，因而在石油、化工、机械、电力、飞机、航空、核能、造船等工业中得到了极为广泛的应用。其中，应用最为广泛的方面是铸件和焊接件的检验。

（1）射线检测技术在压缩机入口分液罐检测中的应用。采用射线检测技术可以对压缩机入口分液罐进行检测，其中，对容器环焊缝的检测难度相对较大。在实际的检测过程中，可根据现场的具体情况设计检测方案。

对接环焊缝进行检测时，采用射线或轴向X射线机内透中心法（或偏心法）进行透照。

容器对接纵缝进行检测时，采用定向射线机进行直缝透照。

（2）射线检测技术在航空航天工业中的应用。射线检测技术中的CT技术在航空航天领域不但用来检测精密铸件的内部缺陷、评价烧结件的多孔性、检测复合材料件的结构并控制其制造工艺，而且近年来已将射线CT技术引入更高层次的探测对象。美国肯尼迪空间中心就采用射线CT装置来检测火箭发动中的电子束焊缝、飞机机翼的铝焊缝。该装置还能发现涡轮叶片内0.25mm的气孔和夹杂物，也可用来检测航天飞机发动机出口锥等。

（3）射线检测技术在核工业中的应用。CT技术的应用日渐增多，如用来检测反应堆燃料元件的密度和缺陷，确定包壳管内芯体的位置，检测核动力装置及其零部件的质量，并用于设备的故障诊断和运行监测。中子CT技术还可以用来检查燃料棒中铀分布的均匀和废物容器中铀屑的位置。

（4）射线检测技术在钢铁工业中的应用。CT 技术在钢铁工业中的应用已十分广泛，从分析矿石含量到冶炼过程中各项技术标准的实现，以及各种钢材的质量保证程度，都可以通过 CT 扫描进行检测。例如，美国 IDM 公司研制的 IRIS 系统，用于热轧无缝钢管的在线质量控制，25ms 即可完成一个截面的图像。它由 1024×1024 图像显示器显示，光盘存储，可以实时测量管子的外径、内径、壁厚、偏心和椭圆度等。它还可以同时测量轧制温度，管子的长度和质量，以及检测腐蚀、蠕变、塑性变形、锈斑和裂纹等缺陷。美国和德国还用中子 CT 装置进行钢管在线质量监测，每隔 1cm 给出一组层析数据和图像，发现偏心、厚度不均和缺陷时，由计算机自动调整生产工艺参数。

（5）射线检测技术在机械工业中的应用。射线检测技术在机械工业中常用于检测、评价铸件和焊接结构的质量。特别是用来检测微小气孔、缩孔、夹杂和裂纹等缺陷，并用于进行精确的尺寸测量，也可用于汽缸盖、铝活塞等铸件的检测。

第三节　生产装置的磁粉检测技术

一、磁粉检测技术的特点与适用范围

磁粉检测是利用导磁金属在磁场中（或将其通一电流以产生磁场）被磁化，并通过显示介质来检测缺陷特性的一种方法。磁粉检测（探伤）被广泛地应用于探测铁磁材料（如钢铁）的表面和近表面缺陷（裂纹、折叠、夹层、夹杂物及气孔）。当铁磁材料被磁场强烈磁化以后，如在材料表面或近表面存在与磁化方向垂直的缺陷（如裂纹），即会造成部分磁力线外溢，形成漏磁场。若在漏磁场施加磁粉或磁悬液，则漏磁场对磁粉产生吸引从而显示缺陷的痕迹。

（一）磁粉检测技术的特点

磁粉检测对工件中表面或近表面的缺陷检测灵敏度最高，对裂纹、折叠、夹层和未焊透等缺陷较为灵敏，能直观地显示出缺陷的大小、位置、形状和严重程度，并可大致确定缺陷性质，检查结果的重复性好。

一般来说，采用交流电磁化可以检测表面下 2mm 以内的缺陷，采用直流电磁化可以检测表面下 6mm 以内的缺陷。随着缺陷的隐藏深度的增加，其检测灵敏度迅速降低。因此，它被广泛用于磁性材料表面和近表面缺陷的检测。

对于非磁性材料，如有色金属、奥氏体不锈钢、非金属材料等不能采用磁粉检测方法。但当铁磁性材料上的非磁性涂层厚度不超过 $50\mu m$ 时，对磁粉检测的灵敏度影响很小。

虽然磁粉检测技术只适用于检测铁磁性材料及其合金，但由于钢是铁碳合金，它的磁性来自铁元素，加之钢和铁是工业的主要原料，因此磁粉检测适用范围还是比较广泛的。

(二) 磁粉检测技术的局限性

磁粉检测技术只适用于检测铁磁性材料及其合金。另外，磁粉探伤仅局限于对铁磁材料的表面和近表面缺陷进行检测，所以在现代工业中经常遇到的奥氏体不锈钢、铝镁合金制品中的缺陷不能应用磁粉探伤进行检测，而只能使用其他的探伤方法 (如渗透检测、射线检测等) 进行检测。另外，磁粉检测技术的局限性还表现在单一的磁化方法检测受工件几何形状影响 (如键槽)，会产生非相关显示，通电法和触头法磁化时，易产生打火烧伤。

(三) 磁粉检测技术的适用范围

(1) 未加工的原材料 (如钢坯)、半成品、成品及在役与使用过的工件都可用磁粉检测技术进行检查。

(2) 管材、棒材、板材、型材和锻钢件、铸钢件及焊接件都可应用磁粉检测技术来检测缺陷。

(3) 被检测的表面和近表面的尺寸很小，间隙极小的铁磁性材料，可检测出长0.1mm、宽为微米级的裂纹和目测难以发现的缺陷。

(4) 可用于检测马氏体不锈钢和沉淀硬化不锈钢材料，但不适用于检测奥氏体不锈钢和用奥氏体不锈钢焊条焊接的焊缝，也不适用于检测铜、铝、镁、钛合金等非磁性材料。

(5) 可用于检测工件表面和近表面的裂纹、白点、发纹、折叠、疏松、冷隔、气孔和夹杂等缺陷，但不适于检测工件表面浅而宽的划伤、针孔状缺陷、埋藏较深的内部缺陷和延伸方向与磁力线方向夹角小于20°的缺陷。

二、磁粉检测的原理与方法

(一) 磁粉检测的原理

磁粉检测是将铁磁性金属制成的工件置于磁场内，则工件将被磁化，其磁感应强度为：

$$B = \mu H \tag{4-4}$$

式中：B——工件的磁感应强度；

H——外加磁场（磁化磁场）强度；

μ——材料的导磁率。

磁感应强度 B 的大小，不但决定着工件能否进行磁粉检测，而且会对检测灵敏度产生很大的影响。铁磁性物质的导磁率很大，能产生一定的磁感应强度，因而能进行磁粉检测，并能获得必要的灵敏度。铁磁性材料的导磁率高的物质具有低顽磁性，容易被磁化；导磁率低的物质具有高顽磁性，难被磁化。

磁粉检测的 3 个必要步骤如下所示。

（1）被检验的工件必须得到磁化。

（2）必须在磁化的工件上施加合适的磁粉。

（3）对任何磁粉的堆积必须加以观察和解释。

当材料或工件被磁化后，若在工件表面或近表面存在裂纹、冷隔等缺陷，便会在该处形成一漏磁场。此漏磁场将吸引、聚集检测过程中施加的磁粉，从而形成缺陷显示。

因此，磁粉检测先是对被检工件加外磁场进行磁化。工件被磁化后，在工件表面上均匀喷洒微颗粒的磁粉（磁粉平均粒度为 $5 \sim 10\mu m$），一般用四氧化三铁或三氧化二铁作为磁粉。如果被检工件没有缺陷，则磁粉在工件表面均匀分布。当工件上有缺陷时，由于缺陷（如裂纹、气孔、非金属夹杂物等）内含有空气或非金属，其磁导率远远小于工件的磁导率，因此，位于工件表面或近表面的缺陷处产生漏磁场，形成一个小磁极。磁粉将被小磁极所吸引，缺陷处由于堆积比较多的磁粉而被显示出来，形成肉眼可以看到的缺陷图像。

为了使磁粉图像便于观察，可以采用与被检工件表面有较大反差颜色的磁粉。常用的磁粉有黑色、红色和白色。为了提高检测灵敏度，还可以采用荧光磁粉，在紫外线照射下使之更容易观察到工件中缺陷的存在。此外，还需要对检测过程中出现的磁粉堆积加以观察并做出合理的解释。

要增强磁粉检测的有效性，还应安排好磁粉检测的时机。一般来说，磁粉检测时机的安排应遵循以下原则。

第一，磁粉检测工序应安排在容易产生缺陷的各道工序（如焊接、热处理、机加工、磨削、矫正和加载试验）之后进行，但应在涂漆、发蓝、磷化等表面处理之前进行。

第二，对于有产生延迟裂纹倾向的材料，磁粉检测应安排在焊接完 24 小时后进行。

第三，磁粉检测可以在电镀工序之后进行。对于镀铬、镀镍层厚度大于 $50\mu m$ 的超高强度钢 (抗拉强度等于或超过 1240hWa) 的工件，在电镀前后均应进行磁粉检测。

(二) 磁粉检测缺陷发现的条件

(1) 磁粉检测中能否发现缺陷取决于工件缺陷处漏磁场强度是否足够大。要提高磁粉检测的灵敏度，即提高发现更细小缺陷的能力，就必须提高漏磁场的强度。缺陷处漏磁场的强度主要与被检工件中的磁感应强度 B 有关，工件中磁感应强度越大，则缺陷处的漏磁场强度越大。一般情况下，工件中磁感应强度达到 0.8T (特) 左右即可保证缺陷处的漏磁场能够吸附磁粉。

(2) 磁粉检测中能否发现缺陷取决于缺陷本身的状况。缺陷处漏磁场的大小还取决于缺陷本身的状况，如缺陷的宽窄、深度与宽度之比、缺陷埋藏深度以及倾角方向等，因此，对于具有相同磁感应强度的被检工件，在不同缺陷处的漏磁场强度也有差异。由于空气的磁导率远比工件的磁导率低，因而缺陷孔隙处不容易使磁力线通过，就会产生对原来均匀分布的磁力线的干扰，使一部分磁力线被"挤到"裂纹尖端的下面，一部分穿过裂纹气隙，另一部分被"挤出"工件表面后再进入工件。这后两部分磁力线在工件表面形成漏磁场。有些靠近工件表面的缺陷虽然没有暴露到工件表面，但当工件被磁化时，缺陷处靠近工件表面的受干扰的磁力线有可能被挤出工件表面，这样在工件表面上也会有漏磁场产生。但当缺陷离工件表面较深时，受干扰的磁力线没有被挤出工件表面，就不会产生漏磁场。也就是说，离工件表面比较深的缺陷用磁粉检测检查不出来。

(3) 磁粉检测中能否发现缺陷取决于缺陷的形状和位置。同样深度的缺陷由于形状与位置不同，能检出的程度也不一样。例如，当被检工件近表面缺陷的方向与磁场相垂直时就容易被检出。当然，能检出缺陷的深度与工件的磁感应强度有关，磁感应强度越大，越能检出埋藏深度大的缺陷。对于夹杂物，如果它的磁导率与工件材料的磁导率相差不大，缺陷就不容易被显示。这种情况在检测某些合金钢材料工件时有可能会遇到。工件表面缺陷处的漏磁场密度与缺陷深度几乎成正比关系。缺陷深度越长，越容易显示。缺陷深度与宽度之比很重要，实践证明，缺陷的深度与宽度之比越小，则引起的漏磁就会越少，两者之比小于或等于 1 时所引起的漏磁极少，更不容易引起磁痕。

(三) 磁粉检测的方法

磁粉检测工艺是指从磁粉检测的预处理、磁化工件 (包括选择磁化方法和磁化规范)、施加磁粉或磁悬液、磁痕分析评定、退磁以及后处理的整个过程。

根据磁粉检测所用的载液或载体的不同，可将磁粉检测分为湿法和干法检测；根据磁化工件和施加磁粉、磁悬液的时机不同，又可分为连续法和剩磁法检测；根据硫化硅橡胶液内配与不配磁粉，磁粉检测可分为磁橡胶法与磁粉探伤—橡胶铸型检测法。

1.连续法

（1）连续法磁粉检测定义。在外加磁场磁化的同时，将磁粉或悬磁液施加到工件上进行磁粉检测的方法称为连续法磁粉检测。

（2）连续法磁粉检测应用范围。连续法磁粉检测适用于所有铁磁性材料的磁粉检测，对于形状复杂以及表面覆盖层较厚的工件，也可以应用连续法进行磁粉检测。另外，当使用剩磁法检验设备功率达不到时，也可以应用连续法磁粉检测。

（3）连续法磁粉检测操作程序。

在外加磁场作用下进行连续法磁粉检测（用于光亮工件）时，操作程序为：预处理→磁化→退磁→后处理。其中，在磁化时，进行浇磁悬液、检验，再进行退磁。

外加磁场作用下的连续法磁粉检测操作程序在外加磁场中断后进行连续法磁粉检测（用于表面粗糙的工件）时，操作程序为：预处理→磁化→检验→退磁→后处理。其中，在磁化时，进行浇磁悬液而后进行检验。

（4）操作要点。湿连续法磁粉检测时，先用磁悬液润湿工件表面，在通电磁化的同时浇磁悬液，停止浇磁悬液后再通电数次，待磁痕形成并滞留下来时停止通电，然后进行检验。

干连续法磁粉检测时，在对工件通电磁化后再开始喷撒磁粉，并在通电的同时吹去多余的磁粉，待磁痕形成和检验完成后再停止通电。

（5）连续法磁粉检测的优点。连续法磁粉检测适用于任何铁磁性材料的检测，无论是湿法还是干法检验，都可以应用，能发现近表面的缺陷，且在各种磁粉检测方法中的检测灵敏度最高。另外，连续法磁粉检测还可用于多向磁化，而且交流磁化不受断电相位的影响。

（6）连续法磁粉检测的局限性。连续法磁粉检测的缺点是检测效率低，易产生非相关显示，而且目视可达性差。

2.剩磁法

（1）剩磁法磁粉检测定义。在停止磁化后，再将磁悬液施加到工件上进行磁粉检测的方法称为剩磁法磁粉检测。

（2）剩磁法磁粉检测的应用范围。凡经过热处理（淬火、回火、渗碳、渗氮及局部正火等）的高碳钢和合金结构钢，矫顽力在1000A/m以及剩磁在0.8T以上，都可进行剩磁法检验。剩磁法磁粉检测可用来检测因工件几何形状限制而使连续法难以检验的部位，如螺纹根部和筒形件的内表面等。另外，剩磁法磁粉检测还可用于判断连续法检验出的磁痕显示的性质，判断其属于表面还是近表面缺陷显示。

（3）剩磁法磁粉检测的操作程序。剩磁法磁粉检测的操作程序为：预处理→磁化→施加磁悬液→检验→退磁→后处理。

剩磁法磁粉检测的通电时间为0.25～1s，磁悬液需浇注2～3遍，以保证工件各个部位的充分润湿。若是将工件浸入磁悬液中，则应在10～20s后再取出检验。另外，磁化后的工件在检验完毕前，不能与任何铁磁性材料接触，以免产生磁性。

（4）剩磁法磁粉检测的优点。剩磁法磁粉检测的优点是检测效率、灵敏度、缺陷显示的重复性以及可靠性都比较高，目视可达性也好，而且易于实现自动化检测。

（5）剩磁法磁粉检测的局限性。剩磁法磁粉检测的缺点是只能对剩磁和矫顽力达到要求的材料进行检测，使用范围受限制，而且检测缺陷的深度小，发现近表面缺陷的灵敏度低，也不适用于干法检验，不能用于多向磁化，而且交流磁化受断电相位的影响。

3. 湿法

将磁粉悬浮在载液中进行磁粉检测的方法称为湿法磁粉检测。

磁悬液应采用软管浇淋或浸渍法施加于试件，使整个被检表面被完全覆盖。

湿法磁粉检测适用于大批量工件的检查，而且对表面微小缺陷（如疲劳裂纹、磨削裂纹、焊接裂纹和发纹等）的检测效果好，特别适合对锅炉压力容器上的焊缝、宇航工件等灵敏度要求高的工件进行检测。

湿法磁粉检测的局限性是检验大裂纹和近表面缺陷的灵敏度不如干法磁粉检测。

4. 干法

以空气为载体进行磁粉检测的方法称为干法磁粉检测。

磁粉应直接喷撒在被检区域，并除去过量的磁粉。轻轻地振动试件，使其获得较为均匀的磁粉分布。应注意避免使用过量的磁粉，不然会影响缺陷的有效显示。

干法磁粉检测适用于表面粗糙的大型锻件、铸件、结构件和大型焊接件焊缝的局部检查及灵敏度要求不高的工件的检测，可用于检测大缺陷和近表面缺陷。

干法磁粉检测的优点是适于现场检验，检验大裂纹的灵敏度高，而且当用干法＋单相半波整流电检验工件近表面缺陷时，灵敏度很高。

干法磁粉检测的缺点是检验微小缺陷的灵敏度不如湿法，而且磁粉不易回收，会造成污染和浪费，同时干法也不适用于剩磁法检验。

5. 磁粉探伤—橡胶铸型法

磁粉探伤—橡胶铸型法（MT—RC法）是将磁粉检测显示出来的缺陷磁痕"镶

嵌"在室温硫化硅橡胶加固化剂后形成的橡胶铸型表面，然后再对磁痕显示用目视或光学显微镜观察，进行磁痕分析。

应用MT—RC法可记录缺陷的磁痕，适用于剩磁法检测，可检测工件上孔径不小于3mm的内壁和难以观察到的部位的缺陷。

MT—RC法的检测灵敏度高，而且能比较精确地测量橡胶铸型上裂纹的长度。同时，MT—RC法的工艺稳定可靠，不受固化时间的影响，磁痕显示重复性好，而且橡胶铸型可作为永久记录长期保存。

但是，应用MT—RC法时，可检测的孔受到橡胶扯断强度的限制，而且整个检验过程相当慢，不适合于大面积检验。同时，对于孔壁粗糙、孔型复杂、同心度差的多层结构的孔，脱膜难度大。

6. 磁橡胶法

磁橡胶法（MRI法）是将磁粉弥散在室温硫化硅橡胶液中，加入固化剂后，再倒入受检部位。磁化工件后，在缺陷漏磁场的作用下，磁粉在橡胶液中重新迁移和排列。橡胶铸型固化后即可获得一个含有缺陷磁痕显示的橡胶铸型，用于进行磁痕分析。

MRI法适用于水下检测，可检测小孔的内壁和难以观测到的部位的缺陷，而且可以间断跟踪检测疲劳裂纹的产生和扩展速度。

MRI法的局限性也很多，除具有和MT—RC法同样的缺点外，MRI法的固化时间与磁化时间也难以控制，检测灵敏度也要比MT—RC法低。

（四）磁粉检测的设备

磁粉检测设备种类繁多，用途各异，但都由主体装置和附属装置所组成。

磁粉检测主体装置也称为磁化装置。磁化装置有多种形式，如降压变压器式、蓄电器充放电式、可控制单脉冲式、电磁铁式和交叉线圈式。目前在固定式磁粉探伤设备中，用得比较多的是降压变压器式；而在携带式小型磁粉探伤设备中，用得比较多的是电磁铁式。

附属装置则包括退磁装置、工件夹持装置、磁悬液喷洒装置、剩磁测定装置和缺陷图像观察装置等。降压变压器式磁化装置已被国内生产的大部分磁粉探伤设备所采用。这种装置一般采用220V或380V交流输入，然后变为低电压大电流输出，最后再经整流器进行单向半波、单向全波或三相全波整流。电力变压器是磁化装置的核心，由于磁粉检测采用的是瞬时功率（也称暂载功率），因此，其结构尺寸比一般变压器要小得多。交叉线圈式磁化装置不仅可以无接触地磁化工件，而且可以同时检测工件上任何方向的表面和近表面缺陷，实现一次全方向磁粉检测。特别是对于批量大的小型工件，配以适当的夹具可大大提高检测效率。

按照不同的分类标准，磁粉检测设备有不同的分类。

（1）固定式磁粉探伤机。固定式磁粉探伤机的尺寸和质量都比较大，一般均可对被检工件分别实施轴向磁化和纵向磁化以及轴向、纵向联合磁化。还可以进行交流或直流退磁。固定式磁粉探伤机一般都用磁悬液显示工件缺陷。这类探伤机一般也带有一对与电缆相接的磁锥，可用来对大工件局部进行磁化或绕电缆法检测，使其具有一定的机动性。采用的磁化电流一般为 4000～6000A 的交流电或直流电，最高可达 20000A。

（2）移动式磁粉探伤机。移动式磁粉探伤机具有比较大的灵活性和良好的适应性，可在工作场地许可的范围内自由移动，便于检测不容易搬动的大型工件。

（3）可携带手提式磁粉探伤机。可携带手提式磁粉探伤机灵活性最大，适用于野外和高空操作，缺点是磁场强度比较小，磁化电流一般为 750～1500A 的半波整流电或交流电。移动式磁粉探伤机采用的磁化电流大小介于固定式和手提式之间，为 1500～4000A 的半波整流电或交流电。

三、生产装置的磁粉检测

磁粉检测目前被广泛地应用于压力容器的在使用维修、定期检验及在线监护、监测等方面，主要目的是保障使用安全及预防事故的发生。除此之外，磁粉检测技术在锅炉制造、化工、电力、造船、航空和宇航工业等部门重要的零部件的表面质量检验方面也得到了广泛应用。

（一）磁粉检测在压力容器探伤中的应用

目前磁粉检测技术已成功地应用于压力容器的探伤中。例如，对液化气储罐的焊缝进行检测，对丁字口部位作射线检测，对其余焊缝作 100% 磁粉检测。从检测的结果来看，应用 X 射线检测没有发现缺陷，用磁粉检测却发现了表面裂纹。而裂纹等开口缺陷是一种危害性最大的缺陷，它除降低焊接接头的强度外，还因裂纹的末端呈尖锐的缺口，在焊接承载后，引起应力集中，成为结构断裂的起源。另外，某化工公司采取荧光磁粉检测，成功地检测出钢制乙烯球罐上的裂缝。这说明，磁粉检测技术在压力容器无损检测中效果非常显著。

（二）磁粉检测在锻件探伤中的应用

锻造是当金属加热到极热或软化状态时，用锻锤或锻压机把它加工成为所要求形状的过程。锻造缺陷主要有两类，即锻造折叠和锻裂。

电站用的大型转子，只有拔长，所以缺陷大都是沿轴向分布的纵向缺陷。磁粉探伤时用产生磁场的清洗干净的胶皮电缆线直接穿入孔内，用直流电进行磁化，磁悬液通过油泵注入铁管，从铁管的铜喷头向上喷出，转子放置时一端稍放低一点，以便多余的磁悬液流出。在逐次连续磁化过程中，把磁悬液喷头从转子一端移至另一端，使整个内孔上半部均匀地喷上磁悬液。取出电缆线后用潜望镜观看。内孔上半部检查后，再将转子旋转 180°，重复上述过程再探一次，这样整个内孔才全部检查完了。

磁化电流的选择原则上保持试件内表面磁化强度近 8000A/ma，实际采用的电流是：当中心孔直径为 100mm 时，磁化直流电流为 2200A；当中心孔直径为 150mm 时，磁化直流电流为 2400~2800A。检查完毕后，必须退磁，并且把剩磁退净。退磁用交流电，电流为 2000~3000A，通电后把电流慢慢调到零。

湿式连续法的磁化时间为 7s，断续通电，喷头慢慢从一端移至另一端。120mL 磁膏溶于 10L 石油内（二次提炼的石油）。验收标准是，原则上不允许有任何缺陷。

只是当用其他方法发现问题时，转子外圆磁粉探伤检查才作为验证的手段。采用触头刺入局部磁化法，电流为 2000A。当采用交流电磁化时，两极间距为 200mm；当采用直流电磁化时，两极间距为 250~300mm。磁粉探伤用湿法或干法均可。

(三)磁粉检测在疲劳缺陷探伤中的应用

在运转中的试件上的疲劳裂纹，一般是出现在与试件运动方向（即受压力的方向）相垂直的方向。有的疲劳裂纹出现在交变应力变化最大的方向。承受着复合应力并频繁启停的旋转主轴，其疲劳裂纹又常出现在主轴的轴向上。

分析总结疲劳裂纹出现的最可能区域，对于选择磁粉探伤的磁化方向是很重要的，也有利于发现和估判缺陷的性质。

第四节　生产装置的红外检测技术

一、红外检测与诊断技术的特点与局限

红外检测就是利用红外辐射原理对设备或材料及其他物体的表面进行检验和测量的专门技术，也是采集物体表面温度信息的一种手段。红外检测是红外诊断技术的基础，红外诊断技术就是利用红外检测技术监测设备在使用过程中的状态，确定和分析设备的红外辐射特性，早期发现故障并诊断其原因，确诊出设备的故障性质、部位和程度，进而预测故障发展趋势和设备寿命的一门技术。

（一）红外检测与诊断技术的特点

红外检测作为众多检测方法中的一种，在功能上和其他检测方法相比，有其独到之处，可完成 X 射线、超声波、声发射及激光全息检测等技术无法完成的检测工作。相对于常规测温技术，红外检测技术具有以下特点。

（1）非接触性。红外检测的实施是不需要接触被检目标的，被检物体可静可动，可以是具有高达数千摄氏度的热体，也可以是温度很低的冷体。所以，红外检测的应用范围极广，且便于在生产现场进行对设备、材料和产品的检验和测量。

（2）安全性极强。由于红外检测本身是探测自然界无处不在的红外辐射，因此它的检测过程对人员和设备材料都丝毫不会构成任何危害。而它的检测方式又是不接触被检目标的，因而被检目标即使是有害于人类健康的物体，也将由于红外技术的遥控遥测而避免了危险。

（3）检测准确。红外检测的温度分辨率和空间分辨率都可以达到相当高的水平，检测结果准确度很高，无论是国外还是国内，在不少行业中都把红外热成像的判读当作"确诊率"的关键。例如，它能检测出 0.1℃，甚至 0.01℃的温差；能在数毫米大小的目标上检测出其温度场的分布；可以检测小到 0.025mm 左右的物体表面，这在线路板的诊断上十分有用。从某种意义上说，只要设备或材料的故障缺陷能够影响热流在其内部传递，红外检测方法就不会受该物体的结构限制而能够探测出来。

（4）检测效率高。红外检测设备与其他设备相比是比较简单的，但其检测速度却很高，如红外探测系统的响应时间都是以 μs 或 ms 计，扫描一个物体只需数秒或数分钟即可完成。特别是在红外设备诊断技术的应用中，往往是在设备的运行当中就已进行完了红外检测，对其他方面很少带来麻烦，而检测结果的控制和处理保存也相当简便。

（二）红外检测与诊断技术的局限

任何一种先进的技术方法都不可能是完美无瑕的，红外检测也不例外。目前红外检测与诊断技术所存在的主要问题有以下 3 个方面。

（1）温度值确定存在困难。红外检测技术可以检测到设备或结构热状态的微小差异及变化，但很难精确地确定被测对象上某一点的确切温度值。原因是物体红外辐射除与其温度有关外，还受到其他很多因素的影响，特别是受到物体表面状况的影响。所以，当需要对设备温度状态作热力学温度测量时，必须认真解决温度测量结果的标定问题。

（2）物体内部状况难以确定。红外检测直接测量的是被测物体表面的红外辐射，主要反映的也是表面的状况，对内部状况不能直接测量，需要经过一定的分析判断过程。对于一些大型复杂的热能动力设备和设备内部某些故障的诊断，目前尚存在若干困难，甚至还难以完成运行状态的在线检测，需要其他常规方法配合做出综合诊断。

（3）价格昂贵。虽然由于技术的发展，红外检测仪器（如红外热成像仪）的应用越来越广泛，但与其他仪器和常规检测设备相比，其价格还是很昂贵。

二、红外检测与诊断方法

任何物体由于其自身分子的运动，不停地向外辐射红外热能。而且，物体的温度越高，发射的红外辐射能量就越强。当一个物体本身具有不同于周围环境的温度时，不论物体的温度高于环境温度，还是低于环境温度，也不论物体的高温是来自外部热量的注入，还是由于在其内部产生的热量造成的，都会在该物体内部产生热量的流动。热流在物体内部扩散和传递的路径中，将会由于材料或设备的热物理性质不同，或受阻堆积，或通畅无阻传递，最终会在物体表面形成相应的"热区"和"冷区"，从而在物体表面形成不同的温度分布，通过红外成像装置以热图像的方式呈现出来，俗称"热像"。

在生产过程及物体运动的过程中，热和温度的变化无处不在，温度检测与控制是生产正常进行的重要保证。当设备出现故障时，如磨损、疲劳、破裂、变形、腐蚀、剥离、渗漏、堵塞、松动、熔融、材料劣化、污染和异常振动等，绝大部分都直接或间接地会引起温度的相关变化。设备的整体或局部的热平衡也同样要受到破坏或影响，通过热的传播，造成外表温度场的变化。因此，不同的温度分布状态与设备运行状态紧密相关，包含了设备运行状态的信息。红外检测诊断技术正是通过对这种红外辐射能量的测量，测出设备表面的温度及温度场的分布，通过对被测对象红外辐射特性的分析，就可以对其热状态做出判断，进而确定被测对象的实际工作状态，这就是红外检测与诊断的基本原理。

红外诊断技术主要完成检出信息、信号处理、识别评估、预测技术等任务。运用适当的红外仪器检测设备运行中发射的红外辐射能量，可获得设备表面的温度分布状态及其包含的信息。不同性质的设备、不同部位和严重程度不同的故障，在设备表面会产生不同的温升值，而且会有不同的空间分布特征，通过对这些特征以及对设备结构、运行状况和维修、安装工艺等多种情况的分析概括，并参考专家的经验等，就能够对设备中潜伏的故障性质、部位和严重程度做出定量的判定。

（一）红外检测的方法

红外检测的基本方法主要有被动式和主动式两种。

（1）被动式红外检测。所谓被动式红外检测，是指进行红外检测时不对被测目标加热，仅仅利用被测目标的温度不同于周围环境温度的条件，在被测目标与环境的热交换过程中进行红外检测的方式。被动式红外检测应用于运行中的设备、元器件和科学试验中。由于它不需要附加热源，在生产现场基本都采用这种方式。

（2）主动式红外检测。主动式红外检测是在进行红外检测之前对被测目标主动加热。加热源可来自被测目标的外部或在其内部，加热的方式有稳态和非稳态两种。红外检测根据不同情况可在加热过程当中进行，也可在停止加热且有一定延时后进行。根据探测形式的不同，主动式红外检测又可分为单面法（后向散射式）和双面法（透射式）两种。

1）单面法：对被测目标的加热和红外检测在被测目标的同一侧面进行。

2）双面法：相对于上述单面法而言，双面法是把对被测目标的加热和红外检测分别在目标的正、反两个侧面进行。

（二）红外检测的工作内容与要求

1. 红外检测的工作内容

在设备故障的红外诊断技术中，其红外检测的工作内容主要包括日常巡检、定期普测、重点跟踪、配合检修和新设备基础检测等。

（1）日常巡检。日常巡检由运行人员或红外专责人员进行，即应用简易或便携式的红外检测仪对巡视的运行设备关键部位进行红外测温，并记录存档。

（2）定期普测。根据设备重要性的大小和新旧程度制定出设备全面普测的周期，使用红外热成像设备对运行设备进行细致而全面的红外检测并记录存档。

（3）重点跟踪。在日常巡检和定期普测的基础上，对发现有过热疑点的设备要进行重点跟踪检测。对情况比较严重的设备要连续跟踪检测，记录存档，观看发展趋势。

（4）配合检修。当设备准备检修时，红外检测应配合检修工作进行。如可在停机检修前进行检测，以确认检修目标和方位。也可在检修后进行，以检查大修后的效果和质量。

（5）基础检测。对于新投运的设备，待其运行进入稳定状态（尤其是热的稳定状态）后，为掌握设备的性能，要进行红外检测、记录存档，用作该设备的红外基础资料，为今后分析故障缺陷和预测寿命打下基础。

2. 红外检测的要求

对红外检测的基本要求分为5个方面，即对红外检测仪器的要求、对检测环境的要求、对检测周期的要求和对操作方法的要求、对操作方法的要求和对被检测设备的要求。

（1）对红外检测仪器的基本要求。应根据相应的检测内容和要求配备相应的检测仪器。

（2）对检测环境的要求。进行红外检测时，应考虑被测物周围环境的影响因素。

第一，检测目标及环境温度不宜低于5℃。如果必须在低温下进行红外检测，应注意仪器自身的工作温度范围，还应考虑水汽、结冰等情况影响检测结果的可信度。

第二，环境湿度不应大于85%，风速不应大于0.5m/s，不应有雷、雨、雾、雪。若检测中风速变大，应记录风速，必要时应对检测结果按风速加以修正。

第三，户外设备检测宜在日出之前、日落之后或阴天下进行。

第四，室内外设备检测要避免灯光的照射。

第五，注意其他高温辐射体的干扰，在可能的条件下应采取遮挡措施。

（3）对检测周期的要求。红外检测的周期取决于检测对象的重要性及其环境条件。对于关键性和枢纽性的设备、运行环境恶劣的设备及老旧设备，检测周期应缩短；对于新建、大修后的设备，要及时进行红外检测；检测中发现热异常的设备，要跟踪检测。

（4）对操作方法的要求。从全面扫描到局部精确检测。全面扫描有两种方式，一种是依靠广大的基层工作人员使用简单的点温仪进行；另一种是由专职人员使用热像仪进行普查。对于大型设备，进行红外检测一般要先用热像检测仪器，对所有应测部位实施全部扫描，找出设备热态异常部位，然后对异常部位和重点设备进行精密红外检测。精密检测有以下注意事项。

第一，针对不同的检测目标选择不同的温度参照体。

第二，检测设备发热点、正常设备的对应点及环境温度参照体的温度值时，应注意使用同一台仪器。

第三，如进行同类设备比较时，应保持各测点的测距、测量方向和测量高度的一致。

第四，注意选择最合适的测温范围，使热像的温度分辨率达到最佳状态，以便于精密诊断设备的故障。

第五，要从不同方位对热异常部位进行检测，以找出最热点的温度值。

（5）对被检测设备的要求。检测时应打开遮挡红外辐射的盖板；设计新设备时应考虑红外检测的可能性。

（三）红外诊断的方法

红外诊断技术是设备诊断技术的一种，它是利用红外技术来了解和掌握设备在使用过程中的状态，确定其整体和局部是否正常，早期发现故障及其原因，并能预测故障发展趋势的技术。

红外诊断技术主要包括简易红外诊断技术和精密红外诊断技术。简易红外诊断和精密红外诊断二者的内容和作用是不同的，但它们又有着紧密的联系。简易诊断是精密诊断的基础，无论是从红外诊断技术的发展过程来看，还是在实际应用当中，红外精密诊断都离不开红外简易诊断。红外简易诊断工作是大量普遍的，一般应用于所有相关的设备，由于面广点多，所以它不可能解决难度大的故障诊断，而难度大的故障诊断正是红外精密诊断技术的工作范畴。

1. 简易红外诊断

进行简单红外诊断时，使用各种性能的红外点温仪以及性能结构比较简单的热成像仪器。简易红外诊断的目的和要求主要包括以下 4 点。

（1）设备热异常的早期检出。

（2）设备热状态监测。

（3）设备状态变化的定量管理。

（4）筛选需要进行精密红外诊断的设备。

红外测温结果依据有关标准进行判定，一般是判定设备状态处于正常、异常或故障 3 种情况即可。如果发现有异常，应转入精密红外诊断。

2. 精密红外诊断

精密红外诊断多在大型、关键设备和要求测温精度较高的设备上进行，主要目的是：确定设备热异常发生的部位、诊断热异常的原因、诊断缺陷性质、预测缺陷的发展趋势和设备的寿命。

常用的精密红外诊断方法有以下 5 种。

（1）表面温度判断法。表面温度判断法是遵照已有的标准，对设备显示温度过热的部位进行检测并按相关的规定判断它的状态正常与否。利用这种方法可以判定设备故障部位的情况，但不可能充分显示红外诊断技术超前诊断的优越性。

（2）相对温差判断法。相对温差判断法是为了排除设备负荷不同、环境温度不同对红外检测和诊断结果造成的影响而提出的。当环境温度过低或设备负荷较小时，设备的温度必然低于高温度环境和高负荷时的温度。但大量事实说明，此时的温度值没有超过允许值，然而这并不能说明设备没有缺陷存在，因此往往在负荷增长之后或环境温度上升后，就会引发设备事故。"相对温差"是指两台设备状况相同或基本相同（指设备型号、安装地点、环境温度、表面状况和负荷）的两个对应测点之间的温差。

（3）同类比较法。同类比较是指在同一类型被检设备之间进行比较。所谓"同类"设备，是指它们的类型、工况、环境温度和背景热噪声相同或相近，可以相互比较的设备。具体做法是将同类设备的对应部位温度值进行比较，这样更容易判断出设备状态是否正常。在进行同类比较时，要注意排除它们同时存在热故障的可能性。

（4）热谱图分析法。热谱图分析法是根据同类设备在正常状态和异常状态下热谱的差异来判断设备是否正常的方法。

（5）档案分析法。档案分析法是通过将测量结果与设备的红外诊断技术档案相比较来进行分析诊断的方法。这种方法有利于对重要的、结构复杂的设备进行正确的诊断。应用这种方法的前提要求比较高，需要预先为诊断对象建立红外诊断技术档案，从而在进行诊断时可以分析该设备在不同时期的红外检测结果，包括温度、温升和温度场的分布有无变化，掌握设备热态的变化趋势，同时还应参考其他相关检测结果以综合分析判断。

（四）红外检测的仪器

红外测量仪器种类繁多、功能各异，根据检测对象和要求的不同，可以设计成不同类型的仪器。一个比较完整的红外仪器通常包括光学系统、调制盘、红外探测器、电子处理线路和显示记录装置等部分。其中，光学系统用于收集目标红外辐射并将它汇聚到红外探测器上；调制盘对射入的连续红外辐射进行调制，使直流信号变成交流信号。在一些较精密的红外仪器中，还采用了参考黑体，在调制器阻断目标辐射期间，让探测器接收参考黑体的辐射，以作为辐射测量的基准。红外探测器接收经过调制的红外辐射，并转变成电信号。电子处理线路将来自探测器的电信号放大，并进行各种信号处理。显示记录装置将经过处理的信号进行显示和记录。

红外检测的仪器目前可分为4类。按检测物体的点、线和面分，依次有红外点温仪（又称红外测温仪）、红外行扫仪、红外热电视和红外热像仪。顾名思义，红外点温仪用于检测物体的点温，红外行扫仪用于检测物体的线温，而红外热电视和红外热像仪则可以检测物体的二维温度场。

1.红外点温仪

红外点温仪被用于测量物体的一个点，即相对非常小的面积的温度。毫无疑问，这种红外仪器每次仅可测量物体上极小的部分，很局限。当需要检测物体大面积的温度时，必须进行人工扫描，即按一定的方向和路线在被检测区域内选择多点，实施多次测量才能完成。看起来这是相当麻烦的，但由于红外点温仪的价格低廉、轻巧便携、坚固耐用、使用十分方便，因而成为设备巡察和维护人员的首选工具。所以红外点温仪成为现场检测的通用手段，它是进行红外简易诊断的主要工具，是实施红外诊断技术的基础和必备的手段。

2. 红外行扫仪

如果手持红外点温仪对被测物体进行扫描，则可得到被测物体沿扫描线的一维温度分布，这就是红外行扫仪的基本原理。

在实际应用中，红外行扫仪将一条被测物一维温度分布的迹线叠加到目标的可见光图像上。与红外点温仪相比，红外行扫仪虽然结构要复杂些，但功能有明显的提高。与热像仪相比，其功能显然达不到热像仪的水平，但行扫仪结构简单、价格便宜、不需制冷、使用方便。

3. 红外热电视

红外热电视是利用热释电（热电转换）效应的原理制成的热成像装置，它接收被测目标物体表面红外辐射，并把目标内热辐射分布的不可见热图像转变成视频信号。它的核心器件是红外热释电摄像管，还有扫描器、同步器、前置放大、视频处理及电源、A/D 转换、图像处理、显示器等。红外热电视将被测目标的红外辐射线通过透镜聚集成像到热释电摄像管，采用常温热电视探测器和电子束扫描及靶面成像技术来实现其技术功能。

红外热电视是对被检目标进行二维温度场检测的设备，其检测效率要大大超过红外点温仪，而它的价格又比热像仪低得多，虽然它的测温技术指标始终没能达到高性能热像仪的水平，但它不需要制冷，特别是随着器件的发展，其性能指标已得到不断提高。对于生产现场设备的大面积普测来说，在红外点温仪日常检测的基础上，再进行红外热电视与红外点温仪的配合使用，对提高现场简易诊断的水平和层次，将是一个相当有效的组合。

4. 红外热像仪

热成像系统是接收物体发出的热辐射，并将其转换为可见热图像的装置。红外热像仪发展到现在已有两代产品。第一代红外热像仪就是光机扫描热像仪，它通过机械光学系统将被测目标进行二维扫描，达到对目标温度的面检。光机扫描热像仪的成像清晰度相当好，取得的热信息丰富，再加上微机技术的发展，使光机扫描热像仪的功能达到了前所未有的高度，它在红外诊断技术的发展中发挥了相当出色的作用。但是，由于光机扫描热像仪扫描系统的繁杂，对制造、使用和维护都十分不便，为此又研制出了第二代红外热像仪。其特点是去除了高速运动的机械扫描机构，采用自扫描的固体器件做成凝视型的红外焦平面热像仪。到目前为止，红外焦平面热像仪还在发展当中，且不断地从军用转向民用。和接触式测温方法相比，红外热像仪有着响应时间快、非接触、使用安全及使用寿命长等优点。

三、生产装置的红外检测

（一）红外检测在石化工业安全检测中的应用

石化生产的工艺流程大都存在着热交换关系，进行红外检测的石化设备应该是其故障与温度变化密切相关的设备。例如，各种反应器、加热炉、催化装置、烟机等，多是在热状态下工作，其设备外壁表面的温度分布如何，主要是由内部工作温度、设备结构、材料热阻以及壁面环境温度所决定的。当设备内部的温度可以监测、环境影响一定的情况下，设备表面的温度分布变化就直接反映了设备结构热阻的变化。总之，凡是热辐能量和温度与设备故障信息有关的装置、设备、管线、建筑物等，均可采用红外检测。因此，红外检测在石化工业中获得了广泛的应用，并取得了显著的效益。

1.应用方面

（1）石化企业中的催化装置、裂化装置及连接管等都是与热关联的重要生产设备，因此都可以用红外热像仪来监测。热像中过分明亮的区域表明材料或炉衬已因变薄而温度升高，由此可掌握生产设备的现场状态，为维修提供可靠信息。同时也可监视生产设备沉积、阻塞、热漏、绝热材料变质及管道腐蚀等有关情况，以便有针对性地采取措施，保证生产的正常进行。

（2）用于炉罐容器液面、料位的检测。容器内液面或物料界面的不准确，极大地影响了设备长期满负荷运行，某些检测方法也极不安全。例如，焦炭塔物料界面的高度仅仅根据进料时间估计和控制，由于考虑到物料界面过高会影响生产，因此实际控制的最高界面总大大低于设计允许高度，使塔不能满负荷运行；又如氢氟酸储罐的液面检测，由于所储介质为腐蚀性很强的氢氟酸，其液面高度的检测采用液面计进行，液面观察极不安全。而这些液面或料位都可以采用性能好的热像仪实时地、非接触地安全而准确地检出。

目前，红外检测技术已成功地应用于国内石化生产装置安全检测，主要包括：①石化设备的缺陷检测和故障诊断；②加氢反应器缺陷检测；③压力容器内衬里缺陷的定量诊断；④气化炉炉顶故障的诊断；⑤尤里卡装置裂解分馏塔底结焦状况的红外检测；⑥设备衬里损坏状况的热像评估；⑦加氢反应器正常热像与故障热像。

2.注意事项

应用红外检测技术对石化生产装置进行安全检测时，应注意以下事项。

（1）红外检测时间和地点的选择。对于露天设备的检测时间，宜选择日出前、日落后或阴天无太阳光干扰的情况，并且无雨、雪、雾和大风的干扰。检测地点的确定应建立在对被测设备现场认真勘察的基础上，力求位置便于检测，无遮挡物，避开强辐射体的影响。

（2）红外检测的准备工作。红外检测的准备工作除了配备红外检测仪器外，尚需配备一个精度较高的面接触型点温计、风速仪和激光测距仪（必要时可备有正像经纬仪）。此外，应了解被测设备所在装置的工艺流程和故障史、维修史，掌握设备运行参数，做好与检测有关的情况记录。

（3）红外检测的实施。红外检测的实施是按照"定设备、定部位、定参数、定标准、定人员、定仪器、定周期、定路径巡检及数据采集"的方针进行的。对被测设备进行红外检测时，一般包括确定表面发射率、确定测温范围、确定适宜的中心温度和扫描方式等内容。

（二）红外检测在冶金工业安全检测中的应用

冶金生产不仅大都与温度有密切关系，而且还是综合性的联合企业，除了冶金炉窑等专用设备外，还有电力和化工的设备。因此，红外检测和诊断技术的应用有着特殊而广泛的范围。

冶金专用设备的红外检测的应用范围主要包括以下方面。

（1）内衬缺陷的诊断。包括高炉、热风炉、转炉、钢水包、铁水包和回转窑的内衬缺陷。

（2）冷却壁损坏的诊断。高炉的冷却壁损坏，过去采用检测冷却水的方法监测，与红外热像检测相比是不直观的。而红外检测可以给出温度的具体分布，因而可以准确地说明冷却壁的损坏程度。

（3）内衬剩余厚度的估算。

（4）高炉炉瘤的诊断。

（5）工艺参数的控制和检测。

（6）热损失计算。

（三）红外检测技术在电力工业安全检测中的应用

电力设备在正常运行时，与温度有着密不可分的关系，在其故障发展和形成过程中，绝大多数都与发热升温紧密相连。电力设备到处可见的导线和连接件以及很多裸露的工作部件，在长年累月的运行中，受环境温度变化、污秽覆盖、有害气体腐蚀、风雨雪雾等自然力的作用，再加上人为操作、施工工艺不当等因素，均会造成设备老化、损坏和接触不良，必将导致设备的介质损耗增大、漏电流增大和接触电阻增大等缺陷，从而引起相应的局部发热面温度升高。若未能及时发现、制止这些隐患的发展，其结果必然会因恶性循环而引发连接点熔焊、导线断裂，甚至设备爆炸起火等事故。对于处在设备外壳内部的各种部件，如导电回路、绝缘介质和铁芯等，当它们发生故障时也会产生不同的热效应。

设备因故障而发热异常，致使设备温度升高，并且超过正常值时，就设备材料而言，它的强度、稳定性、导电性或绝缘性能都会降低。同时，随着承受高温的时间增长，其各种有关性能将变差，最终会导致设备的部分功能或全部功能失效。

目前，红外检测技术在电力设备安全检测方面越来越多地发挥着重要的作用。

（1）发电机故障的诊断。发电机的故障主要包括定子线棒接头，定子铁芯绝缘，电刷和集电环、端盖、轴承和冷却系统堵塞等。

（2）变压器热故障的诊断。

（3）断路器内部故障的诊断。断路器内部载流回路接触不良造成过热的故障，采用红外热像方法，一般都可以很方便地确诊。

（4）互感器内部故障的诊断。

（5）避雷器内部故障的诊断。

（6）电力电容器内部故障的诊断。

（7）电缆内部故障的诊断。

（8）瓷绝缘故障的诊断。

（9）导流元件和设备外部故障的诊断。

（四）火车轴箱温度检测

火车车体的自重和载重都是由车辆的轴箱传递到车轮的。在火车运行过程中，由于机械结构、加工工艺、摩擦及润滑状态不良等原因，轴箱会产生温度过高的热轴故障，如未及时发现和处理，轻则会甩掉有热轴故障的车辆，重则导致翻车事故，造成生命危险和财产的损失。为防止燃油事故，利用红外测温技术制成了热轴探测仪，可以方便精确地检测轴箱温度。仪器安放在车站外两侧，当火车通过时，探测器逐个测出各个车轴箱的温度，并把探测器输出的每一脉冲（轴箱温度的函数）输送到站内检测室，根据脉冲高低就可判断轴箱发热情况及热轴位置，以便采取措施。

结束语

随着大量仪器仪表、监控系统在生产中的应用越来越广泛，计量检测与安全生产的关系也日益密切，在解决许多生产安全环境隐患和其他隐患的同时，也会出现新的安全隐患。针对安全生产常见的计量检测问题，要有针对性的应对措施，要加强设备使用监管，加强生产安全计量检测工作，加强安全监控系统的建设使用与维护，加强生产安全法律法规及提高知识教育，才能有效提升生产中的安全保障能力。

基于此，本书探究计量检测与生产安全，希望能给企业管理和生产部门安全管理带来新的启示。

参考文献

一、著作类

[1]　卜雄洙，朱丽，吴键．计量学基础 [M].北京：清华大学出版社，2018.

[2]　顾龙芳．计量学基础 [M].北京：中国计量出版社，2006.

[3]　洪生伟．计量管理（第7版）[M].北京：中国质检出版社，2018.

[4]　李德明，王傲胜．计量学基础 [M].上海：同济大学出版社，2007.

[5]　李雨成，刘尹霞，毕秋苹．安全检测技术 [M].徐州：中国矿业大学出版社，2018.

[6]　张乃禄．安全检测技术 [M].西安：西安电子科技大学出版社，2012.

[7]　张文娜，熊飞丽．计量技术基础 [M].北京：国防工业出版社，2009.

二、期刊类

[1]　包丽静．磁粉检测技术在铁路行业的应用 [J].科学技术创新，2017（31）：149-150.

[2]　陈超．安全生产科技支撑体系建设困境及策略研究 [D].成都：电子科技大学，2016：12-34.

[3]　陈鹏，韩德来，蔡强富，等．电磁超声波检测技术的研究进展 [J].国外电子测量技术，2012，31(11)：18-21+25.

[4]　程旭．磁粉检测在压力容器检验中的运用特点研究 [J].内燃机与配件，2021(11)：151-152.

[5]　董方旭，王从科，凡丽梅，等 .X射线检测技术在复合材料检测中的应用与发展 [J].无损检测，2016，38(02)：67-72.

[6]　段小军．红外检测技术在电力系统中的应用 [J].数字通信世界，2021（10）：159-160+142.

[7]　甘海勇，刘想靓，林延东．光子计量技术发展与展望 [J].计量技术，2019（05）：64-67.

[8]　郭荣萍．自动化技术在安全生产中的发展趋势 [J].冶金管理，2020（07）：172+174.

[9] 胡莉巾.科技书稿中法定计量单位的正确使用[J].科技传播，2021，13（01）：17-19+23.

[10] 胡永贵.各种无损检测技术的优缺点分析[J].四川水泥，2021(03)：50-51.

[11] 黄爱民.射线检测技术在无损检测中的应用[J].山东工业技术，2015（14）：218-219.

[12] 姬冠妮，王亚亚，史二娜.激光超声波检测技术的材料表面微小损伤检测[J].激光杂志，2019，40(09)：65-68.

[13] 荆大永.关于测量误差和测量不确定度的分析比较[J].工业计量，2006（02）：51-53.

[14] 李琼艳，王蕴怡，王嘉鹭，等.对X射线检测技术在复合材料检测中的应用探讨[J].智库时代，2019(19)：241+243.

[15] 李善义.化工企业中的标准计量技术及管理[J].石化技术，2021，28（08）：168-169.

[16] 李望，吴长青，赵炜炜，等.电磁超声波检测技术的应用[J].电子测试，2021(03)：115-116+126.

[17] 李玉齐，朱琦文，张健.发电厂带电设备红外检测与故障诊断应用研究[J].电气技术，2020，21(01)：78-82+85.

[18] 罗雪莹，王随林，董福麟.国外供热计量技术发展应用状况分析[J].建筑节能，2010，38(08)：78-80.

[19] 麻勇.测量误差与测量不确定度的联系[J].铁道技术监督，2009，37（04）：22-23.

[20] 倪培君，王俊涛，闫敏，等.数字射线检测技术理论研究进展[J].机械工程学报，2017，53(12)：13-18.

[21] 沈功田，王尊祥.红外检测技术的研究与发展现状[J].无损检测，2020，42(04)：1-9+14.

[22] 沈平子，贺青，张钟华，等.电磁计量单位制沿革[J].计量技术，2019(05)：36-42+80.

[23] 王晓峰.浅谈安全生产专业技术服务发展趋势[J].现代经济信息，2020(09)：145-146.

[24] 王新，孟利生.国内安全生产技术服务行业的重塑与发展[J].中外企业家，2017(12)：17-18.

[25] 王宗伟.磁粉检测技术[J].黑龙江科技信息，2013(36)：16.

[26] 邬冠华，熊鸿建.中国射线检测技术现状及研究进展[J].仪器仪表学报，

2016，37（08）：1683-1695.

[27] 许铭，吴宗之，罗云 . 安全生产领域安全技术公理 [J]. 中国安全科学学报，2015，25（01）：4.

[28] 杨军，张力，李新良 . 动态计量技术发展中的几个关键问题 [J]. 计测技术，2021，41（02）：8-21.

[29] 杨利民，刘中雨，梁艳 . 浅谈计量单位的量子化 [J]. 中国计量，2019（04）：21-23.

[30] 杨柳 . 基于红外热成像无损检测技术的土木工程探伤无人机 [J]. 中国新通信，2018，20（07）：184.

[31] 叶声华，秦树人 . 现代测试计量技术及仪器的发展 [J]. 中国测试，2009，35（02）：1-6.

[32] 于新宇，周翔 . 安全生产技术服务机构的创新发展 [J]. 湖南安全与防灾，2015（05）：46-47.

[33] 翟军，连哲莉 . 安全发展的关键是科学技术支撑 [J]. 价值工程，2014，33（12）：180-181.

[34] 张斌，何梅洪，杨涛 . 复合材料空气耦合超声波检测技术 [J]. 玻璃钢／复合材料，2015（12）：94-98+40.

[35] 张广全 . 计量技术机构在计量标准中的作用 [J]. 中国石油和化工标准与质量，2021，41（19）：15-16.

[36] 张健 .X 射线检测技术在复合材料检测中的应用与发展 [J]. 电子技术与软件工程，2018（23）：98.

[37] 张金玉，车远宏，汤萃 . 红外检测技术在变电检修中的运用 [J]. 产业科技创新，2020，2（36）：40-42.

[38] 张小清 . 计量技术在机械产品检测中的应用研究 [J]. 内燃机与配件，2021（11）：214-215.

[39] 郑世才 . 数字射线检测技术基本理论 [J]. 无损探伤，2011，35（05）：4-9.

[40] 周怀忠 . 浅谈磁粉检测技术 [J]. 黑龙江科技信息，2016（08）：87.

[41] 周军珲 . 产业计量背景下计量技术机构的发展方向 [J]. 工业计量，2021，31（06）：56-57+59.

[42] 周正干，孙广开 . 先进超声波检测技术的研究应用进展 [J]. 机械工程学报，2017，53（22）：1-10.